カバーイラスト／カオミン

はじめに

本書を手に取っていただき、誠にありがとうございます。すでにVTuber活動をされていて、今後さらにご活躍されたい方、まだ活動はされていないが、今後始めようと思っている方、VTuberという言葉は知っていても、あまり詳細はご存じでない方など、いろんな方がいらっしゃることかと思います。

本書では、これまで100人以上のVTuberのチャンネルグロースを目的としたコンサルティングを行ってきた私、VTuberアナリストの河崎翆が、実体験をもとに、VTuber活動を成功に導くための方法論を解説します。

VTuberは大きくわけて、二つのタイプがあります。「ガチ勢」と「エンジョイ勢」です。「エンジョイ勢」はその名の通り、収益や専業化が目的ではなく、ただ活動を楽しんでいる方々の名称です。本書の主なターゲットはそちらではなく、基本的に「ガチ勢」の方に向けて執筆させていただいています。というのも、やはり外部のコンサルタントを活用されるような方は、なにかしら達成したい目標などがあることが多いですし、本書のような情報にお金を出して購入するということは、とくにモチベーションの高い方々だと思うからです。

VTuber業界には「年間のスーパーチャットが1億円突破!」といったような、華々しい記事が溢れていたりします。それを見て、「VTuber業界は稼げる」という認識を持った方も多くおられることでしょう。昨今のYouTuberブームなども相まって、この業界で専業化したいと考えられた方も多いと思います。わかります。一般的な会社員のお仕事、しんどいですものね。

では、VTuberのお仕事が楽かというと、決してそんなことはありません。芸事のお仕事ですから、上位数パーセントに入れなければ、生きていくのに十分な稼ぎを得ることはできませんし、下積みの期間が長くなってしまうことも多いです。配信で楽しくお話したりゲームができる一方で、裏では地道な作業を行っていたり、結果が出ずに苦悩することもあります。

これまでたくさんの方々のコンサルティングをしてきたなかで感じるのは、「ＹｏｕＴｕｂｅのチャンネルを伸ばすことの本質」の部分をつかんでいるかどうかが、とても大切だということです。そして、今までの人生の中で、ＹｏｕＴｕｂｅ関連ビジネスやタレントビジネスをしたことがない方にとって、この点をつかむことはなかなか難しいなとも感じています。そんな方々に、ぜひベースとなる知識をつけていただきたいと思い、本書を執筆することにしました。ベースの知識さえ身に付けてしまえば、あとはあなたの個性や創意工夫で、十分に成長できることでしょう。

また、なんとなく書店で本書を手に取った方もいらっしゃることでしょう。知らないジャンルの本なのに、わざわざお手に取っていただき、ありがとうございます。昨今、ＶＴｕｂｅｒは徐々に閉じられたマーケットを飛び越え、一般の方の目に触れることも増えてきました。たとえば、「東京都がＶＴｕｂｅｒのさくらみこさんを観光大使に任命する」といったような事例です。

こういったニュースなどを見る機会が増えてきましたが、ＶＴｕｂｅｒビジネスの裏側やタレントの苦悩みたいな部分は、なかなか見る機会がありません。本書では、そういったＶＴｕｂｅｒビジネスの裏側を紹介していきます。おそらく業界の裏話なんかが好きな方にも、楽しんでいただける内容になっています。

これまで私が自身の活動で学んだことや、人にしてきたそれぞれのアドバイスを網羅的に集約した本でもありますので、本書を読めば、あなたのなかの「ＶＴｕｂｅｒ」「ＶＴｕｂｅｒビジネス」「ＹｏｕＴｕｂｅのチャンネルグロース」の考え方は、かなり解像度が高まると思います。

どうぞ、ＶＴｕｂｅｒの世界のお話をお楽しみください。

河崎翆

CONTENTS

第4章　成長戦略

第5章　マネタイズ

第6章　テクニック

1 章

VTuberビジネスの特徴

1章 — 1節

VTuberとは？

ＶＴｕｂｅｒとは何かを知らない人もいらっしゃるかと思いますので、改めて説明させていただきます。「そんなの言われなくてもわかってるよ！」という方は、次の節まで飛ばしていただいても結構です。ただ、この「ＶＴｕｂｅｒとは何か？」という定義は、意外と難しい問題です。

まずは一般的な回答をお話ししますと、リアルな顔や体を出さずに、アバターを使ってＹｏｕＴｕｂｅなどの各種プラットフォームで活動される方のことを、ＶＴｕｂｅｒと呼びます。２０１７年末ごろから普及しはじめた言葉で、執筆時点では出来てまだ7年くらいのカルチャーになります。当初は３Ｄモデルを使った動画投稿が多く、いわゆるＹｏｕＴｕｂｅｒの活動をそのまま３Ｄに置き換えたような内容が主流でした。当時は簡単に３Ｄモデルを作れるようなアプリやソフトもなく、新規参入の障壁はとても高いものでした。

その後、イラストを動かすことのできるＬｉｖｅ２Ｄというソフトが登場したことで、３Ｄと比較すると安価に、簡単に、ＶＴｕｂｅｒとしてデビューができるようになってきました。また、ＶＴｕｂｅｒ向けのさまざまなアプリが開発されていくなかで、配信が気軽にできるような環境が整いはじめ、ＶＴｕｂｅｒ活動の主流はライブ配信となっていきました。

では何が難しい話なのかというと、それまでの定義に当てはまらない活動をされる方々が増えてきたからです。元来のアバターを使う活動方式から徐々に発展したコンテンツを作る方々が増えはじめ、たとえばリアルな手や体を出される方や、果ては実際の顔を見せた状態で活動するＶＴｕｂｅｒさんも増えてきました。

近年はさまざまなジャンルからの流入もあり、さらに状況をややこしくしています。たとえば、ＹｏｕＴｕｂｅｒのＨＩＫＡＫＩＮさんがＬｉｖｅ２Ｄのアバターを作っていたり、声優だと今井麻美さんがＶＴｕｂｅｒとしてデビューしたり、元モーニング娘。の後藤真希さんがＶＴｕｂｅｒとしての活動をしていたり……。すでに素顔が十分認知されている方々が、アバターを使って活動されるケースも増えました。そのような状況のなかで「ＨＩＫＡＫＩＮさんはＶＴｕｂｅｒですか？」と問われた際に、自信をもって頷ける方は少ないのではないかなと感じています。

こうした背景もあり、**私はＶＴｕｂｅｒの定義を「自分で自分のことをＶＴｕｂｅｒと呼称している人」としています。**ただ、正直なところあまりチャンネルの成長には関わってこない話題だと思いますので、とくにこだわる必要もありません。


折角の機会なのでもう少し話を掘り下げて、「なぜＶＴｕｂｅｒが流行ったのか」「ＶＴｕｂｅｒとして活動するメリット」について考えてみましょう。日本人は昔から、２次元のコンテンツをとても好んでいました。１９９０年頃から「萌え」という言葉が普及し、アニメや漫画の登場キャラクターに、恋愛と似たような感情を抱く人が徐々に増えていきました。しかし、アニメや漫画のなかの登場人物と、双方向のコミュニケーションを取ることはできません。それまで人類は、２次元キャラクターと双方向に会話する術を持ち合わせていなかったのです。

技術の発達を経て、2次元のキャラクターとコミュニケーションを取るソリューションが生まれます。それが、VTuberです。多くの方が夢見ていた「2次元のキャラクターとお話ししてみたい」という願望を叶えるコンテンツなのです。

このカルチャーを、VTuber側の視点で見た時のメリットについても考えてみましょう。すでにVTuberコンテンツをご覧になっている人のなかには、つねに魅力的な新人VTuberを探しているリスナーが一定数存在します。SNSで「#新人VTuber」などのタグを使い、普段から新人VTuberを発掘する活動をされている方です。こういう方々に見つけてもらいやすかったり、既存のVTuber関連メディアなどで取り上げてもらいやすいことが、主なメリットとして挙げられます。

ほかには、ビジュアル面がカンスト（※カウンターストップ、上限に達していること）状態でスタートできるのも、VTuberというプラットフォームの利点です。顔出しで活動されているYouTuberの場合、自分の顔を変えることはできません。しかし、VTuberであれば、自分自身を自分の好きなビジュアルに設定することができ、これ以上ないくらいのかわいい、カッコいいアバターで活動することができます。これは、「容姿のレベルが低いから見ない」というリスナーをなくせることを意味しています。リアル社会における美男美女の格差をなくせる点も、VTuberのメリットと言えるでしょう。なので、アバターにこだわらない方は、競合するVTuberと比較すると、若干損をしているかもしれません。
本書の執筆時点で、すでにVTuberは2〜3万人程度いると言われています（このなかには、引退された方も含まれているとは思いますが）。「今からVTuberとしてデビューするのは遅いのでは」という意見も散見されます。ただ、私はそうは思いません。VTuberよりYouTuberのほうが、歴史は長いです。そのYouTuberでも、ここ1〜2年で急激にチャンネルが成長した新人の方は、たくさんいらっしゃいます。**YouTuberという超レッドオーシャンの環境のなかでも伸ばせるということは、VTuberでも同様のことは可能だろうと私は考えます。**ただ、誰が何をやっても数字が伸びたという時代ではありません。伸びるためには、きちんとした戦略を立てることが必要です。本書を読みながら、チャンネルグロースのための戦略を考えていきましょう。

まとめ

❶自分で自分のことをVTuberと呼称している人がVTuber
❷戦略を立てれば、VTuberとして成功するチャンスはある

1章 2節

「エンジョイ勢」と「ガチ勢」

VTuber活動のスタンスは、大きくわけると二つあります。「エンジョイ勢」と「ガチ勢」です。本書をお読みの方々は、今後真剣にVTuber活動に取り組まれたい方が多いと思いますが、こういうスタンスがあることは知っておきましょう。この二つのスタンスは、活動の途中で見失ってしまうことが多く、VTuberにとって一番避けたい「病み」の原因になってしまいがちです。自分はどちらなのかを、きちんと認識しておくことが大切です。それぞれ、どんな方々なのかをご説明していきましょう。

まずは「エンジョイ勢」について説明します。それは、VTuber活動で生きていくための糧を得ることは目的とせず、あくまで楽しい趣味の一つとして取り組んでいる人たちのことです。たとえばVTuberになった動機が「とにかく配信がしたい」や「VTuber友達がほしい」「憧れのVTuberさんと同じ土俵に上がってみたい」といった方々の場合が多いです。このような方々は、VTuberの活動で生計を立てたいわけではなく、活動そのものがゴールですから、基本的には成長戦略や品質向上について考える必要がありません。こういうモチベーションで活動をされるのも、私としてはとても素敵なことだと感じます。

もう一方が「ガチ勢」です。今までの仕事を辞めVTuberとして専業になり、「これだけで生計を立てたい」「数万人を集客するイベントに出たい」など、タレントとして一般認知を広げて、アイドルのような存在になりたい方々をこう呼びます。こちらは、決して簡単なことではありません。たとえば、チャンネル登録者が10万人を超えるVTuberは、ホロライブなどに所属する人も含めて現在400人程度で、私のように個人で活動するVTuberに限定すると120人くらいしかいません。トータルでは3万人近くいるVTuber業界のなかで、個人ではTOP 0・5%に入る必要があります。もちろんそれは、なんとなく活動していて、なんとなく達成できるものではありません。綿密な戦略や計算をし、実行しながら試行錯誤することで可能になるものです。私はこれまで多くの登録者10万人達成VTuberとお話ししてきましたが、どなたもクレバーで、戦略について真剣に考えられている方ばかりでした。**「ガチ勢」はお仕事として活動する方なので、地味な作業が必要だったり、戦略立ても必要であったり、ネガティブなところを周囲に見せないようなメンタルコントロールも必要になってきます。**遊びではなく、仕事ですからね。

「ガチ勢」と「エンジョイ勢」にはこのように大きな違いがあり、自分がどちらに属しているのかは、しっかりと認識しておきましょう。よくある事例としては、「エンジョイ勢として活動したい」と思ってVTuber活動を始めたあと、思ったほど同時接続者数や再生数が取れずに悩んでしまうことがあります。**「エンジョイ勢」なら本来数字を気にする必要はないはずですが、YouTubeは定量的に自分の価値（のようなもの）を数値化してしまうので、それを見て辛くなってしまうことが多いのです。しかし、「エンジョ**

イ勢」であるならば、その気持ちをしっかり持ち、数字は気にしないようにしましょう。せっかく楽しい気持ちになるためにVTuber活動をしているのに、悲しくなっているようであれば本末転倒です。

また、最初は「エンジョイ勢」として活動に取り組んでいたが、途中から「ガチ勢」になりたくなる方もいらっしゃいます。趣味に本気で没頭するのは、とてもよいことです。「ガチ勢」の世界にようこそ。ともに戦略を立て、全力で努力し、泣いたり笑ったりしながらTOPを目指していきましょう。

大切なのは、自分がどちらの目的で活動に取り組んでいるのかを、明確に認識しておくことです。これにより、不要なメンタルの低下が避けられます。人数で言うと、感覚的には「ガチ勢」4割、「エンジョイ勢」6割くらいの比率かなと思っています。「エンジョイ勢」の方には「活動楽しんでね！」というアドバイスのみを差し上げ、本書では主として「ガチ勢」向けの内容を記載しています。一緒に高みを目指して頑張りましょう。

まとめ

❶自分が「エンジョイ勢」か「ガチ勢」か明確でないと「病み」の原因になる
❷「エンジョイ勢」は数字を気にするな
❸「ガチ勢」は綿密な戦略や、計算が必須

1章 3節

「企業勢」と「個人勢」

VTuberの活動をするにあたって、「企業勢」と「個人勢」という区別も重要です。アイドルやタレントと同じように、事務所に所属するのが「企業勢」、すべてのことを自分で行うのが「個人勢」です。この二つのメリットデメリットを解説します。

まず、VTuberのトップランカーは、ほぼすべてがホロライブやにじさんじなどの「企業勢」です。YouTubeのチャンネル登録者が100万人を超える個人Vtuberは、本書執筆時点（2025年1月現在）では私を入れて3名しかいません。登録者50万超えに絞ると、全体で100人程度、そのなかで「個人勢」は10名程度です。このように、影響力の高いVTuberさんは、ほぼ企業勢です（※別プラットフォームについては割愛し、YouTubeに絞っての話です）。なので、あなたがもし「VTuber界の頂点に立ちたい！」という目標をお持ちなら、企業に所属するほうが達成する可能性は高いと言えます。

「企業勢」には、主に次のようなメリットがあります。

①機材やアバターなどの初期費用を負担してもらえることが多い
②初期伸びしやすい
③マネジメントや、プロデュースをしてもらえる
④個人ではできない大きな取り組みがしやすい
⑤スタジオを使わせてくれることも

⑥案件獲得がしやすい

半面、次のようなデメリットもあります。

①収益は企業と按分

②ゲーム配信の許諾が厳しくなる

③意思決定が遅くなりがち

まとめますと、初期費用を捻出するのが難しく、自分はタレントに徹してプロデュースなどは人に任せたい方は、「企業勢」が向いています。ただし、「企業勢」には誰でもなれるわけではなく、オーディションなどで選ばれるのが一般的です。また、近年合格されている方にはそれなりの活動実績がある場合が多く、ＹｏｕＴｕｂｅだとすでに登録者が数万人程度の人気がある人が、選ばれているように思います。これは「自分一人でもチャンネルを成長させられる能力を有しているか?」という点を見られていて、**結局は自分のチャンネルを自分で伸ばす能力が必要だということを意味しています。**

オーディション自体は、多くの事務所が随時開催しています。ネットメディア「ＭｏｇｕｒａＶＲ」などで定期的に情報をまとめられていたりするので、ここまでを読んで「自分には『企業勢』のほうが向いている」と思った方は、チャレンジしてみましょう。

ちなみに、多くの方が目標としている「専業化」を目標とした場合、企業所属だとどうなるのでしょうか。収益は、事務所の規模にもよりますが、よくてＶＴｕｂｅｒの取り分が「6」で事務所が「4」くらい。ＶＴｕｂｅｒが「3」で事務所が「7」というケースもあります。また、中小事務所では半々くらいにするのが一番多いパターンです。そのほか、グッズや案件などは、ＹｏｕＴｕｂｅ収益とは別の比率で按分することもあります。

簡単に言うと、企業に所属した場合、収益を稼ぐハードルが2倍くらいになるということです。これは、かなり高いハードルだなと感じます。もし、あなたが専業希望でかつ「企業勢」になりたいのであれば、「個人で活動する場合より収益が2倍程度に増えそうなのか？」という点から検討してみることをおすすめします。

では次に、「個人勢」です。企業には所属せず、すべてを自分で行うＶＴｕｂｅｒのことです。ＶＴｕｂｅｒ全体のうち9割くらいの方は、こちらの「個人勢」だと思います。

「個人勢」のメリットを見てみましょう。

①収益はすべて自分に入る
②意思決定が早い
③ゲームの許諾が取りやすい

とりわけ迅速な意思決定、高速なＰＤＣＡ（※Plan、Do、Check、Actionの略。計画→実行→評価→改善のサイクルを指します）が、「個人勢」の強いメリットだと考えています。収益の再投資も、自分の判断で行いやすいです。

ではデメリットについてはどうでしょうか。

①成長戦略を自分で考える必要がある
②活動にまつわる費用はすべて自分で出す必要がある
③困った時に相談できる相手がいない
④マネジメントしてくれる人がいない

良くも悪くも、すべて自分の力で行う必要があるのが「個人勢」です。正直なところ、超大手の事務所に入れる場合を除いて、「個人勢」のほうが収益は伸ばしやすいのではないかと思います。収益が伸ばしやすいということは、専業にもなりやすいと言えます。

あなたがもし、専業になる可能性を高めたいのであれば、「個人勢」として活動されることをおすすめいたします（超大手の事務所なら入ったほうがよいですが！）。**「個人勢」として活動したあと、もし「企業勢」になりたくなった場合も、「個人勢」としての実績が後押ししてくれますので、どちらにせよ「個人勢」で伸ばした経験は損になりません。**

まとめ

❶「企業勢」「個人勢」のメリットとデメリットをふまえて、自分がどちらに向いていそうかをしっかり見極めること
❷自分のチャンネルを自分で伸ばす能力はどちらにせよ必要

1章 4節

収益のポイント

VTuberには、どんな収入手段があるのでしょうか。概ね、次のような項目が考えられます。「YouTube収益」「ファンクラブ運営」「企業案件」「グッズ」「その他」。それぞれ解説していきましょう。

① YouTube収益

YouTubeのチャンネル登録者が1000人以上で、過去1年間の総再生時間が4000時間を超えると、収益化ができるようになります。これにより、広告収益やスパチャが受け取れるようになるのですが、2023年に条件が一部緩和され、登録者500人以上、総再生時間3000時間でも収益化ができるようになりました。ただしこの場合、広告収益は入ってきません。

YouTubeからの収益はいくつかあり、「スーパーチャット」などのいわゆる投げ銭、「メンバーシップ」「広告収益」の3つがメインとなります。VTuberとして活動している方は、配信が主たる活動内容なら、「スーパーチャット」の比率が多くなりがちです。男性VTuberや「動画勢」（※詳細は第1章第5節を参照）なら、広告収益がメインになる方も多いです。**「スーパーチャット」の収益は、その月々によって大きく変動してしまう**ので、「スーパーチャット」偏重から脱却したいと思っているVTuberは多い印象です。

また、「スーパーチャット」や「メンバーシップ」は、だいたいお支払いくださった金額の60〜70％程度がVｔｕｂｅｒ側に入ってきます。１０００円のスーパーチャットをいただいた場合、６００〜７００円程度が入ってくる計算です。「広告収益」は、視聴者層によって大きく変動しますが、平均するとだいたい1再生あたり０・３〜０・４円程度になります。視聴者の年齢が高いほど単価は高くなる傾向にあり、場合によっては1再生が1円を超える場合もあります。逆に低い場合は、1再生あたり０・1円くらいという場合もあります。ちなみに、ＹｏｕＴｕｂｅ Ｓｈｏｒｔｓはまったく別の算出方法で計算されます。

次に「広告収益」は、どれくらいのインパクトがあるのかを考えてみましょう。「個人勢」なら、1回の配信で５０００再生を取っていれば、かなり再生されているほうです。では、毎日配信し、そのすべてで５０００再生を取れたとしたらどうでしょうか？

30日×５０００再生×単価０・３円＝４５０００円

これだと、広告収益だけで生活するのは難しそうですね。仮に再生数が2倍の1万再生となった場合。毎回1万再生を取れるのは個人ＶＴｕｂｅｒのなかでも一部のＴＯＰ層だけですが、それでも毎日配信して月に9万円です。つまり**「広告収益」だけで生きていくのは難しい**ということがわかります。

②ファンクラブ運営

「ＦＡＮＢＯＸ」「Ｃｉ－ｅｎ」「ファンティア」といった、ファンクラブ運営サービスを活用しているＶＴｕｂｅｒは多いです。安価なプランだと月５００円くらいから、最高で月３万円くらいのプランがあります。いくつか組み合わせて複数プラン展開するのが一般的です。内容としては、次のようなものが多いです。

・日記
・交流用ディスコードサーバーへの参加権
・イラストや限定ボイスの配布
・お手紙（デジタルと実物、双方あり）
・グッズの先行購入権
・通話権
・一緒にゲームを遊べる権利

前述の通り、収益をＹｏｕＴｕｂｅの投げ銭に偏重していると、月によってかなり収入がバラつきますので、安定化のためにはいかに多くの人にファンクラブ（のできるだけ高額なプラン）に入っていただくかが大切です。通話権を一番高いプランに設定し、直接お話ししたいファンを集めるのが、よくあるセオリーかなと思います。

ただし、YouTubeで集客したファンを外部のプラットフォームに移動させるのはとても難しいです。新規のシステムにクレジットカードなどの情報を登録するのは、心理的ハードルが高いからです。また、サブスクに加入することに対する抵抗感もあるでしょう。

加入を促すためには、繰り返し訴求することが避けられません。たとえば動画概要欄に書いているだけでは、ほとんどの人にファンクラブの存在を知ってもらえません。YouTubeのOPやEDムービーの中で告知したり、配信のフレームに入れたり、繰り返し口頭で何度も告知していきましょう。

テクニックとしては、ご褒美をもらいやすいタイミングでアピールするのがおすすめです。**生誕祭や周年記念配信など、そういう時におねだりしてみると、いつもより加入する人は増えやすいです。**また、もちろんそれぞれの**プランの内容を充実させることも必須**です。更新頻度が低いことで加入を控えるファンもいるので、一定の活動量は維持していきましょう。

③企業案件

企業案件という言葉に、耳なじみがない方もいらっしゃるかもしれません。読んで字のごとく、企業からいただく有償依頼の案件を総称して、企業案件と呼びます。たとえば、自分のチャンネルで商品紹介をしたり、イベントへ出演したり、コラボグッズを販売するなどです。すでに企業案件という言葉をご存じの方は、なんとなく儲かるものという認識をお持ちかもしれません。ですが、そんなに簡単なものではありません。チャンネル登録者数が少ないうちは、企業様から来る案件は、ほとんどがコラボグッズです。パターンとしては、トレーディンググッズのような形式が多いと思います。報酬は、購入数に応じたロイヤリティのみであることが多いので、依頼する側の企業にとっては失敗する確率が低い一方、VTuber側からすると、売れないと収入に繋がりません。**収益を高めようとすると、リスナーに「買ってほしい」と何度も繰り返しアピールすることになり、嫌儲主義の方々が離れていってしまう可能性があります。**

そんな事情から、VTuber側としては、報酬が固定である企業案件が好まれます。ただしそういうご依頼は、一定の数字が見込まれるVTuberにしかきません。インプレッション狙いの案件であれば多くの再生数が見込めたり、販売系であれば、紹介したものをファンがたくさん購入してくれそうなケースです。自分に実績が付いてきていないうちは、なかなか固定報酬の案件は来ないと思ったほうがよいです。私の経験則としては、概ね登録者が数万人以上くらいから、徐々に固定報酬の案件が増えてきます。それにしても、月に1件安定的に依頼をもらえるような方はかなりレアだと思いますので、企業案件を収入の当てにするのも、やや難しそうです。それでも案件で収入を高めたいという方には、いくつかのアドバイスがあります。

それは、依頼をいただいた企業案件で、毎回結果を出し続けることです。依頼した企業には、KPI（※ Key Performance Indicator の略。ゴールに向かうまでのプロセス上の目標数値）やＫＧＩ（※Key Goal Indicator の略。最終的に目標とする数字）をしっかりヒアリングし、その目標が達成できるようにこちらから進んで動いてあげましょう。とくに広告代理店に対してそういう動き方をしていれば、次も案件を持ってきてくれる率が高まります。代理店側としても、案件を依頼できる存在は貴重なので、いいパートナー関係になれるはずです。また、販売系の依頼を受けるときは、いつも決まって「過去にどんな案件でいくつ売れましたか？」と聞かれます。機密保持の関連もあるのですべてをお伝えするのは難しいですが、言える範囲で結果を伝えてあげたり、機密保持の対象であるものはぼかして伝えてあげたりするとよいでしょう。ここで、「このＶＴｕｂｅｒは全然ものが売れない人だ」と思われてしまうと案件が来づらくなるので、毎回全力で取り組むことが大切です。

ただし、販売系の企業案件は、端的に言うとファンとの信用をお金に変換する行為です。自分がよいと思っていないものだったり、品質の低い商品を無理やりおすすめしたりすると、ファンからの信用を失ってしまいます。インフルエンサーにとって、自分のことを信用してくれるファンは最も大切にすべきものなので、信用を失うようなプロモーションはやめておきましょう。ファンが喜んでくれるような案件だけを、選んで受けていくようにするとよいでしょう。

④グッズ

「企業勢」VTuberであれば、グッズの制作や販売は、基本的にマネージャーなどがすべて手配してくれます。そのためここでは、「個人勢」のVTuberにとってのグッズ販売についてお話しします。当然のことですが、グッズは大量に売れるほど収益が高くなります。売上が増えるのもそうですが、1個あたりの原価が安くなるからです。したがって、「自分のグッズを買ってくれるファンが何人いるか？」という点が大切になります。予想される購入数が少ないのであれば、手間の割に収益が少ないので、それならば配信などにリソースを割り振ったほうが良いかもしれません。

たとえば、アクリルスタンドが10個売れる場合を想定してみましょう。10個作ると原価が6000円（単価600円）と仮定し、イラストが1枚1万円だとしたら、合計で原価は16000円（製造単価1600円）です。1個2000円で販売するとして、完売したら4000円の利益が手元に残ります。

イラストの発注やメーカーへの交渉、発送の手配などをすべて行って、手元に残る最終的な利益が4000円です。もちろん、完売しなかった場合のリスクもあります。これだと、収益目的でグッズを制作する意義は薄そうですよね。実際、登録者数が少ないVTuberは、収益狙いよりもファンのエンゲージメント醸成のためにグッズを作っている方が多いように思います。

では100個売れるとしたらどうでしょうか？　細かい計算は割愛しますが、完売した場合14～15万円くらいは手元に残りそうです。これだと、極端に手間がかかる場合などを除いて、収益目的として作っても良さそうです。

このように、**影響力が低いうちは費用対効果が合わないことが多いので、まずは「ファンをいかに増やすか」を考えたほうが効率的です。**ある程度ファンがついてきた方は、複数のグッズを同時に出したり、セット商品を作ったりすることで、収益を高められます。ただし、ファンの使えるお金も有限ですので、無制限にグッズを作っていいわけではありません。実際、グッズを作った月はスーパーチャットの額が減ってしまい、トータルの収益は変わらないということもよくあります。バランスを考えながら、生誕祭や周年記念など、一定の周期で制作するのがおすすめです。

また、チャンネルがある程度の規模感になったＶＴｕｂｅｒは、グッズメーカーから声がかかることも多いです。この場合、製造や発送の手間などを全部負担してくれる代わりに、収益は少なくなります。売上の10％のロイヤリティくらいが、パターンとしては多いでしょう。自分で作る手間や時間が確保できなかったり、面倒に感じる方は、こういう選択肢もあります。

⑤その他

ＶＴｕｂｅｒはタレントの一種なので、自分の知名度を活かしてさまざまな形で収益を得ることもできます。執筆活動で収益を得たり、専門学校で講師をしたり。声優として活躍しているＶＴｕｂｅｒもいます。私の場合だと、ＶＴｕｂｅｒコンサルタントとして依頼を受けることで収益を得ていますし、イラストが描けるVTuberであれば、イラスト制作のお仕事を受注している人もいます。そういった、自分のスキルを使った稼ぎ方ができると、収入の多角化ができます。自分だったらどんなことでマネタイズできそうか、一度考えてみてもよいかもしれません。

まとめ

❶「スーパーチャット」は変動が大きく、「広告収益」だけで生きていくのは難しい
❷ファンクラブは告知を繰り返すこと。記念日におねだりすること。日記などの更新頻度は高く保つ
❸無理な企業案件は、嫌儲主義の方々が離れていってしまう可能性があるので注意すること
❹影響力が低いうちはグッズの制作販売は費用対効果が合わないことが多いので、まずは「ファンをいかに増やすか」を考えたほうが効率的
❺自分のスキルを使った稼ぎ方ができると、収入の多角化ができる

1章—5節

活動スタイル（「動画勢」と「配信勢」）

ＶＴｕｂｅｒの活動をするにあたって「エンジョイ勢」と「ガチ勢」、「企業勢」と「個人勢」の区分けについて説明してきましたが、**「動画勢」か「配信勢」かというのも重要**です。どちらにもメリットデメリットはありますが、一般的には配信のほうが手間がかからないと言われており、今は配信をメインに取り組まれているＶＴｕｂｅｒが多い印象です。たとえば、1時間の配信をするのに必要な時間は概ね2時間くらい。ですが、10分の動画を作るためには5～6時間かかることもざらですし、作業難易度も高い上、センスも求められます。こういう事情から、「配信勢」と「動画勢」の比率は9対1くらいになっています。

では、双方のメリット、デメリットを見てみましょう。

【「配信勢」のメリット】
・比較的手間がかからず活動できる
・リスナーとインタラクティブなコミュニケーションが可能

【「配信勢」のデメリット】
・爆伸びや投稿後のあと伸びが期待できない
・配信を見ない層にリーチできない

【「動画勢」のメリット】
・爆伸びや、継続的な伸びの可能性がある
・VTuberセグメント外にもリーチしやすい
【「動画勢」のデメリット】
・編集作業に時間がかかる
・作業難易度が高い
・編集センスが問われる
・ネタの検討が難しい

まとめると、「配信勢」はリスナーとのコミュニケーションを主体とした戦略になり、あと伸びや爆伸びが期待しづらいです。一方、「動画勢」はコンテンツの密度や有用性を主体とした戦略になり、あと伸びや爆伸びの可能性があることがメリットになります。

たとえば、なんとなく雑談をしてみたり、なんとなく流行りのゲームをするという場合は配信になると思いますし、今年のプロ野球の結果を予想するとか、選手解説をするような場合は動画のほうが向いているでしょう。

多くのVTuberは、作業の手間がかからないため大手VTuberの動向を真似る形で「配信勢」になってしまうのですが、それだと競合相手がとても多くなってしまうことを忘れてはいけません。今は、そのなかでトレンドを追いかけるセンスや個性が出せないと、「配信勢」は伸びにくい環境になっています。

今でこそ、かなり配信が増えてきたＹｏｕＴｕｂｅですが、やはりメインは動画主体のプラットフォームであり、動画のほうが大伸びできる可能性も再現性も高いです。もしあなたが「他の人と同じことをしても勝てなさそう」と考えるなら、「動画勢」になるほうがよいでしょう。逆に「他の人と同じことをしても勝てるくらい自分には魅力がある」と考えるなら、「配信勢」のほうが向いています。もちろんどちらか一方しかできないわけではなく、「動画勢」でありつつ、たまに配信をする人もいますし、逆もまたしかりです。「どちらを主体としてチャンネルを成長させていくか」という感じで考えていくとよいでしょう。

ほかには、「絶対に人に伝えたいことがある」というＶＴｕｂｅｒは、「動画勢」が向いていると思います。たとえば「もっとＦ１を流行らせたい」とか「競馬の魅力を伝えたい」とか、そういう場合です。基本的に、知らない人の配信を長時間見るのは辛いですよね。あなた自身の立場で想像してみてほしいのですが、これまでの人生の中で、まったく知らない方の配信を、自らすすんで長時間見た経験はありますか？　よほど興味のあるテーマでない限り、多くの方はないと思います。ですが、まったく知らない方のコンテンツでも、2〜3分程度の動画であれば、ちょっと気になる内容のものはよくご覧になっていたりしませんか？　短時間の動画は、視聴者の視聴ハードルを大きく引き下げます。たくさんの人に伝えたいことがあれば、ぜひ動画を主体としてアプローチすることをお勧めいたします。そのほうが、より多くの人に届くはずです。

今から大きくチャンネルを伸ばすには動画のほうがおすすめですが、そうは言っても編集やネタ出しなどを含めて、難易度は高いと思います。「特に主張したいこともないし、なんとなく活動したいんだけど、でも伸びたい」。実際にはこういうＶＴｕｂｅｒが一番多いので、これに当てはまった方も心配しないでください。超爆伸びすることは難しいかもしれませんが、こういうＶＴｕｂｅｒにはこういうＶＴｕｂｅｒなりの戦い方がありますので、以降の章でご説明いたします。

ちなみにこれは、**「特殊な経験がある」という人にとってはチャンス**だという意味でもあります。もし過去に特殊な経験をお持ちであれば、ぜひそれをＹｏｕＴｕｂｅでの活動に取り入れることをおすすめします。よくあるのが、過去の職業や経験をネタにするパターンで、特殊なお仕事についていた経験を、コンパクトな動画にまとめて投稿するという戦略は、ＹｏｕＴｕｂｅ全体でよく見られます。自分だけが経験しているようなものが何かないか、一度は考えてみてもよいでしょう。

まとめ

❶自分に合っているのが「動画勢」か「配信勢」を見極めよう
❷「特殊な経験がある」という人はチャンス

1章 6節

よくある収益モデル

では実際、どれくらいの規模になったらどれくらいの収益が発生するのか、検討してみましょう。ただしVTuberというのは同じYouTubeチャンネル登録者数や規模でも、**ジャンルやファン層によって収益が大きく変わります。とくに、通称「石油王」と呼ばれる、高額な支援をしてくださるファンが何人ついてくださっているかで、大きく差が付きます。**こういうファンが定着すると、登録者2000〜3000人のVTuberでも、年商が1000万円を超える可能性があります。なので、ここでご紹介する内容は、あくまでよくある例の一つだと捉えてください。

【YouTubeの登録者が1000人で同接10人程度の場合】

①広告収益＝月20配信×1回100再生×広告単価0・3円＝600円
②スパチャ＝月1万円－YouTube控除35％＝6500円
③メンバーシップ＝10人×単価500円－YouTube控除35％＝3250円
④FANBOX＝5人×平均単価500円＝2500円
合計①＋②＋③＋④＝1万2850円

YouTubeが収益化された直後は、多くのVTuberは1〜2万円くらいの収入ではないかと思います。スパチャが飛びやすいVTuberによっては、3〜4万くらいまでは増えることも珍しくありません。

【ＹｏｕＴｕｂｅの登録者が１００００人で同接50人程度の場合】
①広告収益＝月20配信×１回５００再生×広告単価０・３円＝３０００円
②スパチャ＝月６万円−ＹｏｕＴｕｂｅ控除35％＝３万９０００円
③メンバーシップ＝50人×単価５００円−ＹｏｕＴｕｂｅ控除35％＝１万６２５０円
④ＦＡＮＢＯＸ＝20人×平均単価２５００円＝５万円
合計①＋②＋③＋④＝10万８２５０円

登録者が1万人を超えると、二桁万円の収益が見えてきます。ＦＡＮＢＯＸには高額プランを設け、そこに加入する人数を増やしたいところです。

【ＹｏｕＴｕｂｅの登録者が４００００人で同接３００人程度の場合】
①広告収益＝月20配信×１回３０００再生×広告単価０・３円＝１万８０００円
②スパチャ＝月15万円−ＹｏｕＴｕｂｅ控除35％＝９万７５００円
③メンバーシップ＝２５０人×単価５００円−ＹｏｕＴｕｂｅ控除35％＝８万１２５０円
④ＦＡＮＢＯＸ＝40人×平均単価３０００円＝12万円
⑤案件＝５万円
合計①＋②＋③＋④＋⑤＝36万６７５０円

登録者3～4万人くらいのVTuberはそこそこ多いので、4万人で試算してみました。この辺りから、普通の会社員と同じくらい稼ぐ人が出てきます。やはり収益のポイントとしては、FANBOXの高額プランに何人入ってもらえるかが大きな要素。また、案件での収益も期待できるようになってきます。登録者2～3万人くらいで、専業化を考えられる方は多いような気がします。計算には入れていませんが、ここまでくればグッズを作っても採算が取れるので、生誕祭などがある月は、もう少し収益を伸ばせます。

【YouTubeの登録者が10万人で同接400人程度の場合】
①広告収益＝月20配信×1回3500再生×広告単価0・3円＝2万1000円
②スパチャ＝月35万円－YouTube控除35％＝22万7500円
③メンバーシップ＝300人×単価500円－YouTube控除35％＝9万7500円
④FANBOX＝40人×平均単価3000円＝12万円
⑤案件＝10万円
合計①＋②＋③＋④＋⑤＝56万6000円

最後は銀盾ホルダーである、登録者10万人の場合です。YouTubeの登録者が10万人を超えると年商1000万が狙えると言われていますが、ここではもう少し低めに予想しています。10万人を超えると、熱狂的なファンの数も比例して増えるので、スパチャの額が増える傾向にあります。また、そこそこまとまった報酬になる企業案件も入ってくるようになります。FANBOXの高額プラン加入者は増やしたいものの、通話権などに対応できる人数などには限界があり、どこかで伸び止まることも多いです。

さて、各登録者数ごとの収益額試算を記載してみましたが、みなさんの想像と比較していかがでしょうか？　繰り返しになりますが、こちらの試算内容はあくまで参考であり、収益の額や内訳はVTuberのキャラクターや戦略で大きく変わります。一般的に、コンテンツ系のVTuber（特定ジャンルの専門的な解説をするVTuber）は収益が低くなりやすく、ガチ恋営業寄りのVTuberは収益が高めに出ます。

あなたがもし専業化や、目標としている収入額があるなら、どの項目でどれくらい稼ぐつもりなのかを具体的にイメージしておくとよいでしょう。たとえば、FANBOXで安定的に稼ぐことをメインにするなら、プランの充実化や更新頻度の優先度が高くなっていくことがおわかりいただけるはずです。

まとめ

❶「石油王」が何人いるかで大きく差が付く
❷登録者2～3万人くらいから専業化が見えてくる
❸どの項目でいくら稼ぐつもりか具体的にイメージすることが大事

1章 7節

市場規模とチャンネル登録者帯の分布

本書をご覧の方の中には、VTuber関連の企業に所属している方もいらっしゃると思います。その場合、業界の市場規模なども気になるのではないでしょうか。矢野経済研究所の分析によると、**2020年度に144億円程度だったVTuber市場規模は、2023年には800億円程度になっています。**（**図1を参照**）

現在いまだ急激に成長している市場であり、今後も引き続き堅調に伸び続ける可能性があります。ただし、このうち半分以上は大手事務所の数社で寡占しており、「個人勢」や小規模事務所の売上は、全体にはほとんど影響していない点は留意する必要があります。その内容はどのようになっているでしょうか。大手事務所のカバー株式会社を参考に、売上の内訳を見てみましょう。（**図2を参照**）

元々は売上高の半分程度を占めていた配信でのスーパーチャットは、近年あまり伸びなくなってきており、反対に大きく伸びているのはマーチャンダイズ、つまりグッズなどの物販です。ライブイベントなどの収益も堅調に増加しているものの、そこまで大きくは増えていません。簡単に言いますと、スーパーチャットでの収入はすでに天井に近づいてきていると見られ、物販で大きく稼ぐようなビジネスモデルになってきています。ただこれは業界のTOPVTuberたちの話であり、小規模な「個人勢」のVTuberはこの話をそのまま受けとらないようにしてください。グッズビジネスは、大量に生産し販売で

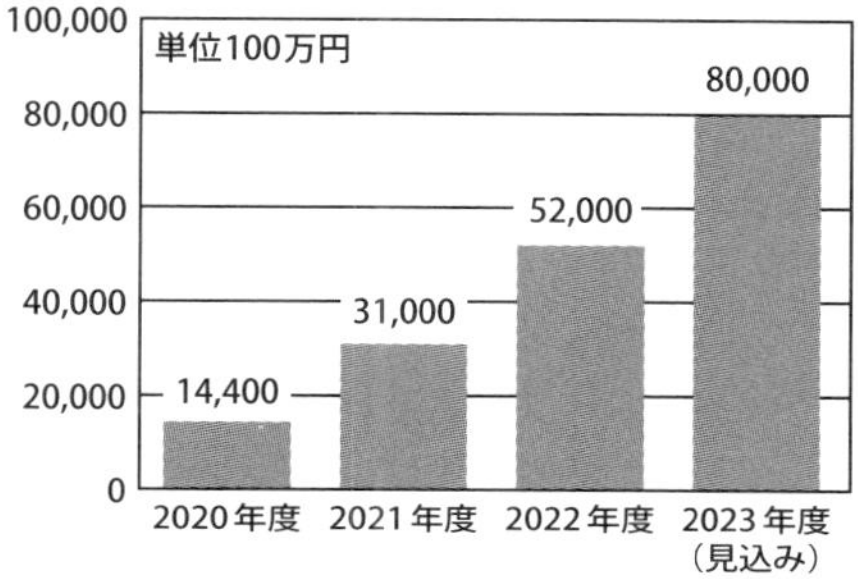

図1　VTuberの市場規模推移（矢野経済研究所「2023年VTuber市場の徹底研究～市場調査編～」より引用）

注1　VTuber事務所を運営する企業の当該事業売上高ベース

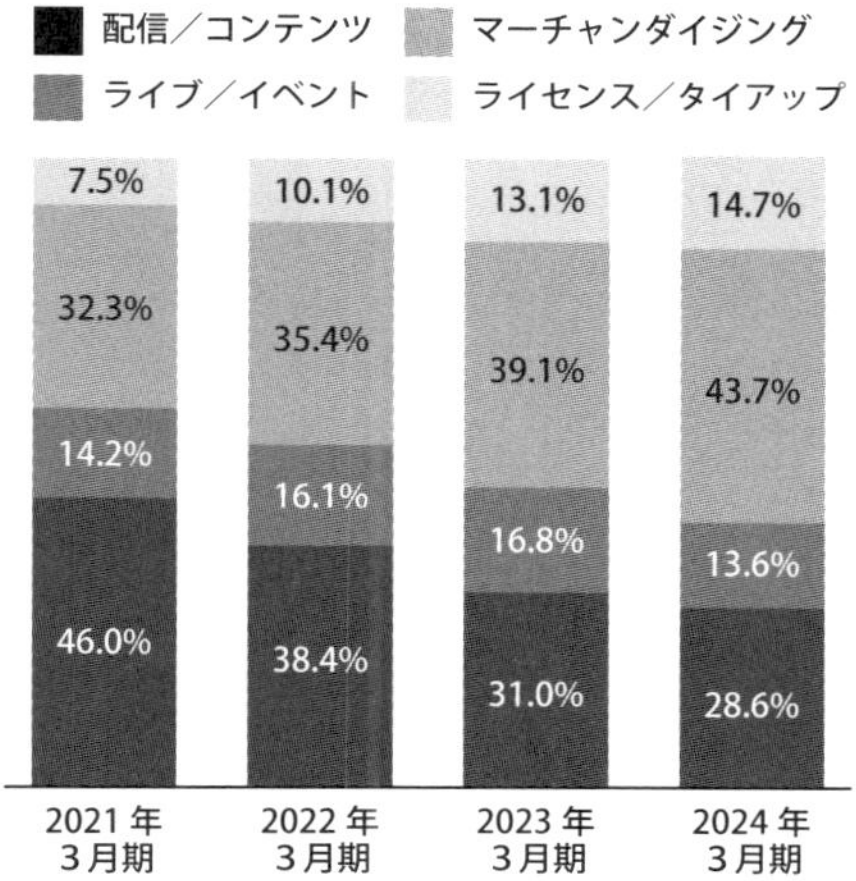

図2　サービス別売上高比率（カバー株式会社「2024年3月期第3四半期決算資料」より引用）

きないとマネタイズしにくいです。

さて、切り口を変えて、チャンネル登録者の分布を確認してみましょう。まず、国内にVTuberは今何人程度いるでしょうか。この問いは、どこまでの範囲をVTuberに含めるかによって大きく数字が変わるのですが、私は現在3万人程度と見ています。ただし、その中の半数程度は、今はほとんど活動実績がなく、チャンネルが動いていないVTuberだとも思います。そして、ここ数年程度は、毎月300人くらいの新人VTuberがデビューする状況が続いています。では現在アクティブな国内のVTuberを、1・5万人と仮定してみましょう。本書執筆時点（2024年9月時点）でYouTubeの登録者が100万人を超えるVTuberのチャンネルは、国内に

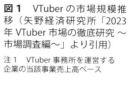

40チャンネル強あります。全体の約0・3％です。そしてその内訳は、ほとんどがホロライブとにじさんじの、大手2大事務所の所属ＶＴｕｂｅｒです。

登録者が10万人を超えるチャンネルはどうでしょうか。10万を超えるチャンネルは400チャンネル強あり、全体の上位2・7％に食い込むＶＴｕｂｅｒです。この枠には多くの「企業勢」のＶＴｕｂｅｒがいる一方で、「個人勢」も120チャンネル強あります。ここからはかなり推計の色が強くなりますが、登録者1万人を超えるチャンネルは1500〜1800チャンネル程度はあり、ＶＴｕｂｅｒ全体の上位10％程度は1万人に到達しています。ＹｏｕＴｕｂｅ全体だと、1万人を超えるのは2〜4％程度というのが通説なので、ＶＴｕｂｅｒ市場は相対的にチャンネル登録者数が稼ぎやすい状況にあると言えます。これは、「とりあえずチャンネル登録だけして応援しておく」という文化がリスナー側に根付いているからだと思います。反対に、この文化があるため、ＶＴｕｂｅｒはＹｏｕＴｕｂｅのほかのジャンルと比べて、チャンネル登録者数に対して再生数が低くなりがちです。

登録者が1000人を超えるＶＴｕｂｅｒは、全体の上位20％程度はいると見られ、5人に1人くらいは達成できる難易度です。こう聞くと、収益化というハードルは楽なようにも聞こえますが、20％ということは、5人のうち4人は到達していないという事実を理解しておきましょう。

少し話は外れますが、同時接続者数（以下同接）の話もしましょう。**もし同接が10人なら、その時点で全VTuberの上位50％以内には入っています。**つまり、約半分の方はYouTube配信の同接が一桁なのです。VTuberは年々増えているのに、リスナーの数はそこまで大きく増えていないため、状況はどんどん苦しくなっています。すでに活動されていて、同接が二桁を超えている方はご自身のことを誇ってほしいですし、逆にまだ活動されていない方は、同接を二桁にすることのハードルの高さを知っておいてほしいなと思います。

まとめ

❶ VTuber市場は今も拡大している
❷ もし同接が10人なら、その時点でVTuberの上位50％以内には入っている

case study 1

私がVtuberを目指したきっかけ

振り返ると、私はもともとYouTubeは見るほうだったので、2019年の時点でキズナアイさんとか、富士葵さんの存在は知っていました。といっても、そこまでしっかりとVTuberを追いかけているわけではなく、チャンネル登録もしておらず、おすすめに出てきたらたまに見るくらいでした。「VTuber」という単語自体も、あまりしっかりとは認識していませんでした。それ以前からニコニコ動画は熱心に見ていましたので、たとえば、実況グループ「最終兵器俺達」のキヨさんとか、レトルトさんなどが大好きで、ゲーム実況の延長線上としてVTuberも見ていたように思います。

その後2020年初頭に、今度はYouTubeで、たまたま兎田ぺこらさんの切り抜きを目にします。そこで、VTuberの魅力を実感し、大変恐縮ながら「私にもできるかな……」という淡い気持ちを抱きました。

元々ハマりやすく凝り性だった私は、それからVTuberについてたくさん調べるようになり、すぐにデビューに向けて動き出しました。一度やりたいと思ったことは、すぐにやらないと納得できないタチなんですよね。その頃は、今のようにアナリストやコンサルタントとしての要素は微塵もなく、よくいるVTuberの一人でした。

当時は、VTuberとは全然関係ないところで、会社の上司に勧められて社外の有料マーケティング講座などに参加するようになっていて、その面白さを体感していた時期でした。でも、マーケティングスキルって会社の仕事には関係ないし、とくにそのスキルを使う場面がなかったんですよね。なので、VTuberとしてYouTubeでマーケティングのスキルがどれくらい活かせるものなのか、そういう実験的な要素もありました。

今でも忘れられないのですが、一番最初に私が実施したゲーム「雀魂 ―じゃんたま―」の配信は、最高同接が4で平均は2くらい。コメントは海外の方がしてくれた2つのみでした。この状態から、登録者100万人を目指す長い旅が始まったんです。

2章

マインドセット

2章 1節

エンターテイナーであれ

ＶＴｕｂｅｒは一般人ではありません。タレントです。にじさんじやホロライブなどの大手所属のＶＴｕｂｅｒを見ると、一般人という感じはあんまりしないですよね。どちらかというと、アイドルや芸人さん、女優さんなどに近い存在かなと思います。そしてあなたは今、そこを目指しています。これは、一般人の感覚から抜け出し、タレントとしての振る舞いを覚えなければならない、ということを意味します。

ＶＴｕｂｅｒというのは、エンターテイナーの一種であると私は考えます。自分の配信や動画に来てくれるのは、もちろん楽しい気持ちになりたい人たちです。あなたの発言や生き方に触れて、明るく前を向く力がほしい方です。「今日は大きな失敗して泣きたい気分だからＶＴｕｂｅｒの配信でも見よう」とはならないですよね。楽しい気持ちになりたい時に見られるのが、ＶＴｕｂｅｒというコンテンツです。したがって、**視聴者にネガティブな感情を与える発言や行為を行ってはいけません。**その最たるものが「病みツイ」や「ネガツイ」です。戦略的にわざと実施する場合を除いてやるべきではありません。

「あなたのネガツイを見て楽しくなる方は誰ですか？」「どんな人に前向きな気持ちを与えられますか？」「自分しか幸せになれないツイートではないですか？」。ネガティブな感情は、周囲の方にも負の影響を与えます。エンターテイナーであるあなたは、決してそういうことをしてはいけません。自分は周囲を明るく照らす存在なんだということを意識して、そこから外れる行為はしないようにしましょう。

とは言え、私たちVTuberも落ち込んだりすることはあります。そういう場合のおすすめの対策としては、なんでもグチれるVTuber友達を一人だけ作っておくのがよいと思います。ストリーマーやVTuberの悩みは、一般の方に言ってもなかなか共感を得られません。VTuberにグチるのが、もっとも内容を正しく理解してもらえます。

とは言っても、やっぱりグチはネガティブな影響を相手に与えるもの。いつもグチしか言わない友達って、結構きついと感じませんか？ なので、たくさんの方を対象にするのではなく、一人だけそういう友達を作っておいて、「お互いグチろうね」という協定を結んでおくとよいでしょう。

もちろんエンターテイナーなのですから、「エンタメを意識する」ということも大切です。「楽しくマリオします！」という配信と「落下して死んだら即電流ビリビリ状態でマリオします！」だと、どちらがエンタメだと思いますか？ 多くの方は、後者のほうがエンタメとしての企画力が高いと思われるはずです。

大手の人気VTuberは、楽しくゲームを遊んでいるだけでエンタメになっているように見えますが、それは優れたトーク力や思考力があるからです。また「リスナー側がすでにその人についてどういうキャラか知っている」ということもすごく大切です。たとえば有名な方の発言だと「あの○○さんがこんなことを言うんだ」と説得力があったり、共感しやすくなりますが、自分の知らない人が同じことを言っても、同じ感じ方になりません。発言者のバックボーンを知っているからこそ、面白く感じる言動があるということですね。なので、大手VTuberの配信を形だけ真似ても、これから伸びていきたい私たちは、同じような効果を得ることができません。私たちは、自分のことを知らない人が見ても理解できるエンタメを構築していく必要があります。

「ただダラダラと遊ぶゲーム」「視聴者を無視したコラボ」「コメントを一切読まない雑談配信」などは、本当にエンタメとして成立しているのでしょうか。これから実行しようとしていることが、**「自分を知らない人にとってもエンタメとして捉えてもらえそうか？」という点を、しっかり意識した上で配信内容の設計をするようにしましょう。**大切なことなので何度も繰り返しますが、「自分のことを知らない人でも楽しく見てもらえそうか？」という観点で、常に自分の言動に気を配ってみてください。

まとめ

❶視聴者にネガティブな感情を与える発言や行為はNG
❷「自分を知らない人にとってもエンタメとして捉えられるか？」という点を、しっかり意識した上で配信内容を設計しよう

2章 2節

VTuberの一番大切な仕事はプロデューサー

ＶＴｕｂｅｒのお仕事を、ただ配信をすることだと思っていませんか？　これは正しい理解ではありません。楽しく配信することを目的とした「エンジョイ勢」ならそれでよいのですが、チャンネルを成長させたい方は、配信がお仕事の中心だと思わないほうがよいでしょう。多くの場合、チャンネルの成長度合いは、配信の品質によって決まりません。

イメージしてみてください。仮に配信のなかであなたが、10回面白いことを言ったとしたら、1回しか言えなかった配信の時よりも再生数が増えるのか。答えは「ＮＯ」です。

なぜかと言うと、そもそも誰かが配信を見に来ないと、面白さのアピールができないし、面白いかどうかの判断をしてもらえないからです。つまり内容よりも、まずは配信に人をどのように連れてくるかのほうが、チャンネル成長において重要度が高いのです。

配信の本質は「答え合わせ」です。あなたがそれまでに積み重ねてきたファンの数や、打った施策、ＳＥＯ対策の効果を、改めて確認する場が配信なのです。したがって多くの場合、その配信の再生数が獲得できるかや、高い同接を維持できるかは、その配信の企画やサムネイルのクオリティ、事前のプロモーションで決まります。

個人ＶＴｕｂｅｒは、次のような活動を自分で決められるメリットがあります。

① どんなジャンルで活動するか
② クリエイティブのクオリティをどれくらいにするか
③ どんな企画の内容にするか

④Ｓｈｏｒｔｓや動画を作るか
⑤切り抜きチャンネルをどのように活用するか
⑥外注をするか
⑦広告を打つか
⑧誰とどんなコラボをするか
⑨イラストをどれくらい作るか
⑩Ｘ（ＳＮＳ）で営業するか

こういう要素の一つ一つが、あなたのチャンネルの成長を形成します。こちらの重要性に比べたら、配信の時のトークが面白いかどうかは、ほとんど誤差のようなものです。

他の業界で考えてみると、歌業界が近いと思っています。歌業界だとオリコンのランキングなどがあると思いますが、あのランキングは、歌が上手い順に並んでいるわけではありません。レコード会社のプロモーションが上手くいった順から並んでいるのではないかと思います。どんなに歌が上手いシンガーでも、認知されないとＣＤも配信も買ってもらえません。逆に言うと、仮に歌が上手くなかったとしても、プロモーションが上手ければ上位に食い込める可能性があることを意味しています。

ＶＴｕｂｅｒも同じで、**仮にトーク力が高くなかったとしても、プロモーションの上手さでチャンネルを成長させることは、十分可能です。**もしあなたが「私はトーク力や魅力

に自信がない」と思っていても、心配しないでください。そんなことよりも、プロデューサーとしてのスキルのほうが重要です。マーケティングなどのスキルを磨いていけば、きっとチャンネルの成長に役立つはずです。

「企業勢」だと、このような戦略をＶＴｕｂｅｒが自分で決められなかったりしますが、自由に決められるのが「個人勢」のメリットですね。

一方、こういう戦略的な部分を全部無視して、魅力特化型で伸びていくＶＴｕｂｅｒもいらっしゃいます。そういう方はいるのですが、なかなか真似することができないですし、再現性に乏しいです。ただ、あなたに「私の魅力は世界一！」と言えるくらいの自信があるのなら、小細工抜きで配信だけに注力してみてもよいかもしれません。

まとめ

❶配信の本質は事前の準備の「答え合わせ」
❷トーク力よりもプロデュース力《りょく》の方が重要

2章 3節

VTuberにとっての失敗とは？

ＶＴｕｂｅｒにとって、失敗とはどういう状態でしょうか。「チャンネル登録が伸びないこと？」「再生数がとれないこと？」。違います。**ＶＴｕｂｅｒにとっての失敗は一つしかありません。「活動を停止すること」**です。活動さえやめなければ、つねに大きく伸びる可能性を残せます。

ＶＴｕｂｅｒに限らず、ＹｏｕＴｕｂｅは全般的にそうなのですが、どこに魚群がいるかを探し出すのに多くの時間がかかります。サッカーの動画を作る、野球の動画を作る、ラグビーの動画を作る……。そうやっていろんなことを試していくと、そのうち「いつもより数字が取れた」という領域が見つかります。その後は、伸びた領域のなかで、どのようにどうやってもっと数字をとっていくかの追求が始まります。

まずはこの領域が見つからないと、チャンネル登録も伸びないし、再生数も伸びない状況が続きます。なので、精神的にとても苦しい時期だと思います。ただ、この時間が無駄なのかというとそうではありません。「この領域は伸びないんだ」という経験値が蓄積している状態です。その経験値は、あなたのチャンネルの今後の運営に、とてもよい効果を及ぼすはずです。

とても多くの方がこの苦しい時期に成長を諦めてしまうのですが、活動さえ続けていれば、大伸びのチャンスは残されています。この時期を耐えられるかどうかが、ＹｏｕＴｕｂｅにおけるチャンネル成長の分岐点になります。

前提として、PDCAサイクルは回す必要があります。なぜ、伸びなかったのかを推察し、**伸びなかった領域を振り返り、なんで伸びなかったのかを推察し、どこに成長の可能性があるのかを考え続けましょう。**そういう行為を続けていくうちに、あなたのなかに伸びるコンテンツを生み出す経験値がどんどん蓄積していきます。何も考えずに活動しているだけだと、広大な海のなかをただぐるぐるとさまよっているようなもの。それではいつまで経っても魚群を見つけることができないので、つねに考えながら活動するようにしましょう。

さて、VTuberの失敗、つまり負け条件は「やめること」だと説明しました。つまり、**負けたくないなら、引退に繋がる行為を極力排除すること**が必要です。たとえば、「活動頻度が維持できない」なら、活動頻度は下げてもOKです。「アンチの声が辛い」なら、気になるユーザーはどんどんBANしたり、コメントを見ないようにして、メンタルの悪化を防いでください。エゴサなんてもってのほかです。「再生数がとれなくて辛い」なら、そもそもアナリティクスは見なくていいです。負け（引退）に繋がることを極限まで排除していくことで、勝ちの可能性を残せます。

「リスナーの意見は聞かないと」とか「アナリティクスには向き合わないと」と、一般的には思いがちです。ただ、それで引退に繋がってしまうくらいなら、見ないほうが圧倒的によいです。どうすればあなたが活動を継続できるかという点を、最優先に考えてみてください。あなたのチャンネルが明日にでも大バズりする可能性は、誰も否定できません。

まとめ

❶ＶＴｕｂｅｒにとっての失敗は、「活動を停止すること」
❷伸びなかった領域を振り返り、どこに成長の可能性があるのかを考え続けよう
❸引退に繋がる行為は極力排除しよう

2章 4節

人の意見は聞かなくていい

VTuberとして人気を得るために、「人の意見はちゃんと聞かないと」という意識を持っているかもしれません。「人の意見を取り入れられない人は器量の狭い人間だ」というような風潮もありますよね。しかし、VTuberの活動をするにあたり、そんなことは一切気にしなくてOKです。むしろ、気にすることで、あなたのチャンネルはダメになってしまうかもしれません。

まずは、わかりやすい例でご説明しましょう。あなたのチャンネルが、「ドラゴンクエスト」のゲーム実況をメインにしたチャンネルだとします。そのうち、『『ファイナルファンタジー』の実況も見てみたい」という人が現れるかもしれません。その意見を真に受けて「ファイナルファンタジー」に手を出したとすると、今まで築き上げてきた「ドラゴンクエスト」チャンネルというブランディングが崩れてしまいます。

このような例はたくさんあります。「○○というゲームをしてほしい」「ASMRをしてほしい」「超美麗3D（実写）配信をしてほしい」「○○さんとコラボをしてほしい」などなど。既にVTuberをされている方なら、一度は聞いたことがあるのではないでしょうか？

ここでしっかりと考えるべきなのは、その意見は一人だけの意見なのか、多数の意見なのかということです。YouTubeは、個人からマスに向けて情報を発信するメディアです。そこで成長していくためには、より多くの人が望んでいるコンテンツを制作していく必要があります。

先ほどの「ドラゴンクエスト」の例で言うと、現在あなたのファンが１００人いるとして、60～70人が「ファイナルファンタジー」のプレイ実況を希望しているなら、一考の余地はあるかもしれません。しかし、配信のコメントやXなどＳＮＳのリプ欄で一度言われただけの場合、その1名以外は誰も同じことを考えていない可能性があります。その1名のみの意見を鵜呑みにすると、残り99人のニーズから外れる可能性があるということです。本当に大多数が望んでいるのかという点は、気を付けて見ていくべきでしょう。

また、そもそもブランディングの問題もあります。既存のファンの方の大半が望んでいたとしても、折角ここまで積み上げてきたブランディングを崩すに値するかという点も考えなければなりません。先ほどの「ドラゴンクエスト」の例で言うと、「ドラゴンクエスト」系ＶＴｕｂｅｒであることを捨てるほどのメリットがあるのか、しっかりと考えた上で判断しないといけません。

リスナーは、あなたのチャンネルの成長に責任を負っていません。そのリスナーが発言した施策を試して、伸びなかったとしてもその方は何もしてくれません。しかし、あなたはあなたのチャンネル成長に、責任を負っています。成功するか失敗するかで人生が変わります。なので、自分がちゃんと納得できる施策のみを実施していくのがよいでしょう。

本章第2節でお話ししたとおり、ＶＴｕｂｅｒにとって一番大切な仕事は、自分のチャンネルのプロデューサーであるということです。一番大切な仕事を、他の方に譲らないようにしましょう。そうでないと、伸びなかったときに他責思考になります。成功の喜びも失敗の悔しさも、自分の判断と努力で経験するのが、ＶＴｕｂｅｒのあり方としてはよいのではないかなと思います。ちなみに、**リスナーの意見をきっかけに、新しいことを始める場合もあるかと思いますので、考え方のきっかけ作りとして声を聞くのはよいと思います。**考える機会が増えることはよいことなので、いろんな角度から、自分のチャンネルや戦略を見直してみましょう。

まとめ

❶リスナーは、あなたのチャンネルの成長に責任を負っていない
❷リスナーの意見も、考え方のきっかけ作りには活用できる

2章―5節

透明性を意識しよう

芸能人とVTuberやストリーマーの違いを考えてみましょう。たとえば、芸能人がTVで「○○のパンが美味しい」と言っていた場合と、VTuberが配信で同じ発言をしていた場合、どちらのほうが信憑性が高いように思いますか？　多くの方は、VTuberのほうが、信頼に値する発言だと思うのではないでしょうか。

これは、TV業界で生きていくにはスポンサーへの忖度が必要であるため、自分が思っていないことを発言している可能性がありそうだからでしょう。もちろん本心で言ってる場合もあると思いますが、そうでない場合もあると思います。一方、**VTuberは、とくにスポンサーから直接の支援をいただいているわけではないので、自分の発言や思想を曲げる必要がありません。なので、本心を言ってる可能性が高いと聞き手は判断します。**

また、芸能人がゲーム系の番組で「このゲームにハマってます！」と言ったとしても「本当か？」と疑ってしまいたくなりませんか。それに対してVTuberは実際にプレイしているところを配信していますので、本当にプレイしていることが一目瞭然です。このように思ってもらえることは、VTuberやストリーマーの大きなメリットだと私は考えます。

なので、このメリットを失う可能性があることをするのは、VTuberとしての武器を手放すことと同じです。そのため、リスナーに「このVTuberはいつも本音を話している」と思ってもらえるように、立ち振る舞う必要があります。

そこで私が特に重要だと思っているのが、透明性です。戦略によって変わるところでもあるのですが、たとえば、ＶＴｕｂｅｒのなかには、「お金」について触れる方が一定数いらっしゃいます。年間収支であったりとか、デビューまでにかかったお金であったりとか、はたまた今月の収益が最大だった話などなど。一般的に隠したくなるこういう部分について、真正面からお話をするのは、透明性の担保に役立つと思います。

リスナーにもよりますが、たとえば「投げたスパチャはＶＴｕｂｅｒ活動に使ってほしい」という願望があったとします。にも関わらず、スパチャを原資にしてホストクラブに行っていたりとか、彼氏に貢いでいたりするのは、よくないですよね。同様に、使い道をほとんど語らないのは、不透明さに繋がる可能性があります。**「今外注費でいくらくらいかかっている」「イラストに○円くらいかかっている」など、言えるところは言ってしまったほうが、透明性が高まります。**ただし、絵師や外注先によっては単価公表を嫌うケースもあるので、マナーとして多少ぼかす必要はあります。

そうすればリスナーは、「自分の投げたお金が活動に活かされている」という実感が湧きます。こういうＶＴｕｂｅｒは、リスナーから見ても推しやすいですよね。必ずしも活動に直接使われていなくても、たとえば「親孝行に使った」「温泉旅行に行ってきた」というような話は、推しに幸せになってほしいリスナーからすると、とても嬉しい報告になるでしょう。

みなさんも仮に募金するとした場合、使途が名言されていない場合よりも明確なほうが、支援しやすくはないでしょうか。活動の際、この点を意識することで、リスナーとのエンゲージメントの強化に繋げられます。リスナー側からしても、スパチャの額などは普段の配信を見ているとある程度理解できてしまうので、たくさんスパチャが飛んでいるはずなのに延々と「お金がない」的な発言をしていると、「我々に言ってない何かがあるのでは？」と疑われてしまいます。お金だけの話ではないのですが、つねに透明性を意識した立ち回りができるとよいと思います。リスナーからの信頼は、かならずＶＴｕｂｅｒ活動にプラスの効果をもたらします。

まとめ

❶ＶＴｕｂｅｒのメリットは発言の信頼性が高いこと
❷信頼感を向上させるため透明性を高める立ち振る舞いをしよう

2章 6節

100%にはしなくていい

日本人は、完璧主義な傾向だと言われます。完璧でないものを作って、誰かにそれを指摘されるの、怖いですよね。同じような考えのＶＴｕｂｅｒも少なくありません。「完璧にブランディングができてないとデビューしない」「完璧な動画が完成しないと投稿しない」「定期投稿できる見込みが立たないと1本も投稿しない」などです。

品質にこだわり過ぎると、制作にとても時間がかかります。完成度50％を60％にすることよりも、80％を90％にすることのほうが多くの労力を要します。ＹｏｕＴｕｂｅはそもそも単発のコンテンツで伸びるプラットフォームではなく、たくさんのコンテンツを継続的に作っていくことが必要になります。そのなかで、1本のクオリティにこだわりすぎると、活動ボリュームが増やせません。したがって、**60％の完成度でいいので、早く、たくさん投稿することをおすすめします。**

そうすることで、結果を振り返って次に生かす、ＰＤＣＡサイクルを回すことができます。このため、いかに早く、たくさんのコンテンツを投下するかを優先的に考えたほうが、いい結果が出やすいです。ただ、多くの動画を投稿していくなかで、たまに完成度１００％の動画を作ってみるのはいいと思います。

近年のＶＴｕｂｅｒの成長戦略では、入念にデビューの準備をし、デビュー配信で最初から大きく花開く戦略を立てる方が多いように感じます。こういう戦略は過去に配信者として活動していた人でないと、なかなか難しいです。

配信でトークをするのは実は専門的な技能で、練習なしにできることではありません。あなたにもしそういう経験がないとしたら、いきなり最初の配信から上手くトークをすることは難しいと思います。まずは上手くできなくてもいいから、トライしてみることです。「ツイキャス」や「REALITY」などで、とにかくお話をすることに慣れてみるなど、実践を早く試して試行回数を増やしましょう。もちろん、最初からYouTubeでトライするのもありです。悩んで活動しないくらいなら、とにかく何かを作りながら改善していくべきです。「こんなクオリティで活動していいのかな」という気持ちは持たずに、どんどんあなたのコンテンツを世に出していってください。どうしても気になるようであれば、後から非公開にしてしまえばいいだけです。**試行回数こそ、YouTubeのチャンネル成長に最も必要な要素**であることを、認識しておけるとよいと思います。

まとめ

❶60%の完成度でいいので、早く、たくさんコンテンツを出す
❷試行回数こそ、YouTubeのチャンネル成長に最も重要

2章 7節

物量は正義

表題のとおり、YouTubeは物量が正義です。同じ配信内容なら配信頻度が高いほうが勝ちやすく、配信時間が長いほうが勝ちやすく、動画投稿本数が多いほうが勝ちやすいです。ところが、私に相談されるVTuberのなかには、「AとB、どちらの動画を先に投稿したほうがいいですか？」や「ベストな配信開始時間を教えてください」といったような、小手先のテクニック的な情報を求めに来られる方がとても多いです。

そういうテクニックもあると言えばありますが、そんなことより、物量を増やす努力をするほうが絶対に勝ちやすいです。**そもそもYouTubeは単発のバズで伸びるプラットフォームではなく、それなりに品質の高いコンテンツを継続的に投稿することで伸びていくプラットフォーム**だからです。たとえば「何時に投稿するのがベストなのか？」という問いについては、実際に試してみながら調整していけば十分です。まずは18時に投稿してみて、上手くいかなければ19時、それでも上手くいかなければ20時……と、いろいろ試してみて、あなたに最適な時間帯を見つけてください。最初に「何時がベストかわからない」と言って投稿しないくらいなら、まずは何時でもいいので投稿してください。それで期待している効果が出せたら、そのままの時間で今後も継続したらいいだけですし、不満であれば、時間帯を変えて投稿してみるのがいいでしょう。繰り返しお話ししてきているように、PDCAサイクルを回すことこそが、勝ちへの最短の道です。

だいたいどんな動画や配信においても、登録者が一人も増えないということはありません。再生数の概ね0・1～1％くらいは、チャンネル登録者が増えていきます。あなたがもし「いつまでにこれくらいのチャンネル登録者数に到達したい」というご希望をお持ちなら、この掛け率で逆算して考えてみましょう。たとえば1か月で100人のチャンネル登録者を増やしたい場合、登録率1％の想定なら、月間で1万再生くらいとれると達成できます。そして、再生数を確保する一番簡単な方法は、配信時間をなるべく長くすることです。内容のクオリティチェックも必要ですが、「どうすれば活動ペースが増やせるのか？」という点も、合わせて考えてみましょう。

YouTubeの仕様で考えてみても、配信ボリュームが多いほうがSEO的にお得です。YouTubeは「なるべく長い時間ユーザーをサイトに滞留させたい」という目的を実現させるべく運営されています。ユーザーの可処分時間を独占したいということですね。そのため、一番重要視するKPIは「総再生時間」です。**同じ100再生がとれる動画なら、1分の動画より、1時間の動画のほうが総再生時間は増えやすく、成長しやすい**と言えます。

よくいろいろなチャンネルで、総集編が投稿されていますよね。過去に出した短い時間の動画を集めて、1本の長い動画にしたものです。単発の動画よりも総集編のほうが再生数を獲得していることが多いです。これは、総再生時間が長くなり、SEO的に強くインプレッションされやすいからです。また配信でも、耐久系の長時間配信が伸びやすいのは同じ理由で、総再生時間が稼ぎやすいからです。

また、リスナーに視聴の習慣を作るのはとても大切です。週1でしか配信してない場合、習慣としてリスナー側に視聴を定着させるのは難しいですが、毎日同じ時間に配信していたとしたらどうでしょう。毎日20時から配信していたら、晩ご飯を食べる時間と重なり、リスナーのなかで「ご飯を食べるときにはこのチャンネルを見よう」というサイクルに組みこんでくれたりします。私の場合は、毎日24時頃から配信をしています。そうすると、「寝る前に挨拶だけしにきました」というような形で、本格的に配信を見られないときでも習慣として訪れて、リスナーが再生数確保に協力してくれるのです。**毎日、同じ時間に配信開始時間を揃えておくことで、配信スケジュールを公開しなくても「なんとなくこの時間にきたら何かしらやってるね」という意識を持たせることができます。**

まとめ

❶ YouTubeは継続的に活動することで伸びていく
❷ 1分の動画より1時間の動画のほうが総再生時間は増えやすく、成長しやすい
❸ 毎日、同じ時間に配信開始することで、視聴習慣をつけさせたい

case study 2

私がVtuberになるために準備したもの

今ではなんとなく知性派っぽい印象を与えている私ですが、デビュー当時からVTuberについて詳しかったわけではなく、当時はまったく知識がありませんでした。そんな私がデビュー前に準備したことと言えば、「パソコン」「Live2Dアバター」「配信画面」「マイク」「オーディオインターフェイス」「ヘッドホン」くらいでした。

直近のVTuberデビューに比べるとかなり質素だと思います。これでは、デビュー配信の最高同接が4だったというのも納得です。当時の私としては、とりあえず早く活動を開始したいという気持ちが強かったのと、チャンネル運営は実践経験を積みながら調整していくほうがいいだろうという考えがあったからです。

現状を見ても、大きな数字を獲得しているVTuberは古参が多く、いかに早くデビューするかはとても重要だったなと感じます。準備不足だったとしても、あのタイミングでデビューしていてよかったです。

すでにレッドオーシャンと言われておりますが、それにしても早くデビューするに越したことはありません。読者の皆さんも「やりたい」と感じたら、早めにデビューにこぎつけてしまうことをおすすめします。今でも毎月300人程度は新しいVTuberがデビューしている状況ですからね。

金銭面などで準備する余裕がないという方は、「REALITY」などの簡単にデビューできるアプリを使って、まずは活動を始めてしまうというのもおすすめです。YouTubeにこだわらず、気軽な配信アプリで活動して、そこからVTuberに移行していくのも、最近よくある戦略となっています。

3章

VTuberを始める前に

3章 1節

デビューまでにすること

「1日でも早くデビューした方が有利！」と思いつつも、やはりデビューにはしっかりと準備をして臨みたいですよね。デビューまでは、次のような用意をしておくのがおすすめです。

①Live2Dアバター
②サムネイル用イラスト（5〜10枚くらいあると便利）
③配信画面
④配信設定（OBSなど配信用ソフトウェア）
⑤XなどSNSのアカウント（「準備中」として活動前から運用）
⑥自己紹介動画かティザームービー
⑦音質の最適化
⑧OP&EDムービー
⑨チャンネルブランディングの方向性を決める
⑩目標設定

最近は、**初配信をデビュー日と定めて、それ以前にShorts（ショート）を投稿するなどで話題を作っていくVTuberが多いです。**また、XなどSNSでキービジュアルなどの画像を投稿して、認知を獲得しにいく人もたくさんいます。

サムネイルの掲載例

本書では、ほぼ技術解説には触れませんので、たとえばOBSの設定や音質の調整などについては、ネットなどで調べてみてください。クリエイティブ全般については、「ココナラ」や「SKIMA」といったコミッションサイトで制作を依頼するか、Xでお仕事募集中のクリエイターを探すのが早いです。あなたにもしVTuberのお友達がいるなら、クリエイターさんをご紹介いただくという方法もあります。信頼できる人を探すのは難しいため、知人から紹介してもらえるのは発注者、受注者の双方にとってメリットがあります。

先に挙げた項目の中で、いくつか補足をします。サムネイル用のイラストが5～10枚必要な理由は、同じイラストばかりを使うと、活動に力を入れていないチャンネルに見えてしまうからです。リスナーは、チャンネル登録をする前に、あなたのチャンネルを見ています。その際に、いろいろなイラストが使われていると「最初からこんなにイラストを作るくらいやる気のあるチャンネルなのか」と、感じてもらえます。パッと見で同じイラストを使いすぎていると思われないように、**サムネイル用イラストは複数用意しておきたいところです。**

音質は十分に時間をかけてチューニングしましょう。**音は、視聴継続にとても大きな影響を与えます。ガビガビの音や音割れ、BGMとのバランスが悪い配信は、すぐに離脱されてしまいます。**もし声質に自信がなかったとしても、チューニングでよく聞こえるようにできるので、極力こだわるようにしましょう。

最近デビューする「ガチ勢」のなかには、YouTube広告を活用するVTuberも増えてきました。YouTube広告とは、ほかの動画が始まる前に挿入される短時間の広告であったり、関連動画の一番上のほうにサムネイルを並べてくれる有料機能です。施策としては、デビューの1週間から10日前くらいに広告を打って、初配信の集客につなげる方が多いです。上手くいけば、デビュー配信の同接がいきなり数百ということも十分ありえます。資金に余裕がある方は、こういう戦略をとるのもおすすめです。

まとめ

❶デビュー日を決めて、早めに準備を進めよう
❷サムネイル用のイラストは複数あると便利
❸音質のチューニングはとても大事
❹資金に余裕があればYouTube広告でスタートダッシュ

3章 2節

強みの理解

なかなか正確なカウントは難しいところですが、日本にあるYouTubeチャンネルの総数は、10万を超えています。その中で**自分のチャンネルを成長させていくには、相応の才能やスキルが求められます。**誰でも作れるような内容のチャンネルはたくさん存在しているので、わざわざあなたのチャンネルを選ぶ理由が視聴者にとってないからです。したがって、ほかでは真似できないような強みや個性を打ち出していくことが、チャンネルを成長させていくために必要になります。

わかりやすい例だと、歌が上手かったり、企画の立て方が上手かったりすると、成長は早いです。それがあなたにとっての強みなら、それを最大限に活かしたチャンネルにしていくべきです。また、知識を活かす手もあります。これまでに就いてきた特殊な職業などがあれば、それを前面に打ち出したチャンネルにするのもよいでしょう。現役女子高生や女子大生は、一定のブランドとしては寄与しますが、同じ体験をしている人数が多いので、強みとしてはやや不足です。立ち回り次第で活用はできますが、3～4年でそのブランドが使えなくなることを踏まえて活動する必要があります。

私にコンサルを依頼されるVTuberのなかには、「自分の隠れた才能やスキルを見つけてほしい」とおっしゃる方が少なくありません。しかし、本人が気づいていないような強みを、初対面の人が見つけられることはほとんどありません。ほかの人に指摘されるような光ったスキルがあれば、当人もそれを自覚していることがほとんどだからです。**強**

みは自分自身で見つけていくか、なければ作り出していく必要があります。

ですが、そもそも私の体感で、8～9割くらいのVTuberが、とくに強みがない状態で活動を始められています。普通の家庭に生まれ、中学に通って高校を卒業し、大学へ進学したり、就職したり。そんな普通の人がほとんどです。ただ、それを悲観的に考える必要はありません。この状況から、どのようにプロデュースしてチャンネルを成長させるのかが、プロデューサーの腕の見せどころです。そして「個人勢」の場合、VTuberのプロデューサーはあなたです。自分をどのように輝かせていけば、ほかのチャンネルに埋もれない、強みを持ったチャンネルにできるのかを考えていきましょう。

先ほど、ほとんどのVTuberは強みがない状態で活動を開始すると言いましたが、そういった方におすすめなのは、「これから先、どんな強みを持ちたいか？」という点から考えることです。**今強みがないのであれば、今後強みを作っていく必要があるのですが、その過程をコンテンツにしていくということです。多くの人に共感され、ほかのVTuberが持っていないものであれば、なんでも強みになりえます。**将来的には武道館で歌えるくらいの歌うまVTuberになりたいのだとすれば、今は特段上手くなくても、歌にフォーカスしたチャンネルにすればよいです。ルールを知らなくても、麻雀系VTuberとして売っていきたければ、麻雀を覚えて強くなっていく過程を見せるのもよいでしょう。YouTubeにはダイエット系のチャンネルが多くあります。最初ふくよかで、徐々に痩せていく過程をコンテンツにしていたりしますよね。このようなブランディング戦略をとることができます。

「今はスキルがありません」「将来的に目指していることもありません」「特化したい方向性もありません」。こういうスタンスだと、VTuberとして成長するのはとても難しいです。「今すでに強みになっていること」か「将来的に強みにしたいこと」。最低でもどちらか一方は固めておくことを強くおすすめします。

最初、歌を中心にしたチャンネルにしておいて、あとから麻雀系のチャンネルにするということもできなくはないのですが、できれば一つのチャンネルは一つの方向にまとまっていることが望ましいので、活動開始前にしっかり考えておきましょう。

まとめ

❶チャンネルを成長させていくには、何らかの才能やスキルが必要
❷今は強みがなくても、これから作り出せばいい
❸強みになっていく過程をコンテンツにしてもいい

3章 3節

チャンネルブランディングの方向性を決める

強みが無事に決まったら、次は**チャンネルのブランディングを決めていきましょう。**さて、ブランディングとはなんでしょうか。それは「このチャンネルってこういうのだよね」と多くのリスナーに認識してもらうことです。たとえば、「このチャンネルの最新動画を見ておけばプロ野球の情報はだいたい把握できる」とか「時短料理のいろんなレシピを教えてもらえる」など。チャンネルをパッと見て、こう思ってもらえることはとても大切で、この状態をブランディングができている、というふうに呼びます。

チャンネル登録という行為の本質は、過去の評価ではなく未来への期待です。あなたが過去にいいコンテンツを作ったかどうかではなく、今後も面白いコンテンツを出しそうだから見逃したくないというときに、チャンネル登録をしてもらえます。そのため、今日はサッカー、明日はサーフィン、明後日は料理でその次は盆栽というような、方向性が定まっていないコンテンツの構成にしていると、期待しているジャンルのコンテンツが公開されるかわからないので、チャンネル登録への強いインセンティブがリスナーに働きにくくなります。YouTube界隈のTOPを走るHIKAKINさんやはじめしゃちょーさんは、自分というキャラクター自体をブランディングの柱にしていますが、自身の魅力を掲げたブランディングは難易度がとても高く、飛びぬけた魅力が必要です。。

ではそれをふまえて、あなたのチャンネルはどういうブランディングにするべきでしょうか。歌が好きなら、「歌勢」としてのブランディングを進めていくのが順当ですが、**もう少しジャンルを狭めていくような手もあります。**たとえば、EDM特化型とか、アカペラ限定などです。ターゲット層は、広げ過ぎるとリスナーを引き寄せる力が弱まります。漠然と「漫画好き?」と呼びかけられるのと『ONE PIECE』のゾロが最推しの人?」と呼びかけられるのとでは、どちらがピンとくるでしょうか。訴求内容をニッチに、かつ具体的にするほど、ターゲットの興味を引く力は強くなっていきます。ただし、そのぶんターゲットの母数も減るので、最適なバランスを考えながらジャンルを選択していく必要があります。

もう一つ事例を考えてみましょう。大半のVTuberは、ゲーム実況を主体としたコンテンツ作りをされています。これに倣って「私のブランドはゲーム実況です」という広めのブランディングをしたとして、どんな人に気に入ってもらえるでしょうか。また、この世に数多いる同業者のなかから、あなたのゲーム実況を優先的に見てもらえる動機はどこに生まれるでしょうか。それが思いつかないのであれば、ゲーム実況をするにしても、もう一段狭いブランディングをしてみるのがよいでしょう。レースゲームに特化したり、歴史ゲームに特化したり、街づくりシミュレーションゲームに特化したり。このようにしておくと、そのジャンルを好きな人が、集まりやすくなります。

また大切なのは、そのブランディングがちゃんと人に伝わっているかどうかです。「レースゲーム特化型VTuberです」と自分が思っていても、**リスナーに伝わっていなければ何の意味もありません。**チャンネルのコンテンツの大半をレースゲームにして、YouTubeのチャンネル概要欄やXなど、SNSの自己紹介欄でもそれをアピールする必要があります。どこから見てもレースゲーム特化型VTuberに見えるように、情報を整えていきましょう。とくに**YouTubeを主戦場とするなら、YouTubeのチャンネルトップページをブランディングの方向に整えておくことはとても重要です。**チャンネルを特定の方向に寄せるためには、そのジャンルの優良コンテンツを多数作っておく必要があります。私の場合、VTuberアナリストとして認知してもらうための動画を、チャンネルトップにたくさん置くようにしています。

あなたのブランディングがちゃんとできているかどうかについて、簡易的に確認できる方法があります。自分のリスナーやお友達に「私の属性を表す単語を3つ言ってほしい」と伝えてみてください。そこで多くの人から出てくる単語は、あなたが強烈にブランディングできている要素です。逆に、「3つも言えない」となった場合は、どの方向にも曖昧なブランディングしかできていないことを意味します。その場合、制作しているコンテンツや見せ方を検討し、しっかりと強みを訴求できるように改善していきましょう。

まとめ

❶チャンネルのブランディングを決めよう
❷ニッチなブランディングで競争力を高める
❸リスナーに伝わらないと意味がない
❹YouTubeのトップページはブランディングでとても重要

3章 4節

コンテンツ設計

強みとブランディングが決まったら、次は実際に作る動画や配信＝コンテンツの設計をしていきましょう。コンテンツは、ジャンルが決まっている特化型の方ならとても考えやすいですね。たとえば野球系のＶＴｕｂｅｒなら、注目選手の紹介や名場面や名試合の解説、今後の勝敗予想など、いくらでも企画を作ることができます。

強みとブランディングが固まった時点で、あなたがすべきことはほとんど決まっています。ここまでに決まった方針のなかで、優れたコンテンツをどんどん作っていくだけです。では、もう少しブランディングが広めの場合を考えてみましょう。たとえば私であれば、アナリストやコンサルタントというブランディングに加えて、「深夜のおやすみに寄り添う」というブランディングもしています。したがって、毎日深夜０時から配信しますし、寝る前にしっとり見られる内容に絞って配信しています。つまり、「ＡＰＥＸ」や「ストリートファイター」など、白熱してしまったり、思わず大声をあげてしまうゲーム実況は避けるという感じです。

声優として実力のある方であれば、ゲームのテキスト朗読配信とか、ホラーが好きな方であればホラゲー特化とか、はてはクソゲー特化にしてみたり。ＡＳＭＲ勢のなかでも脚フェチ特化とか、ラバーフェチ特化のチャンネルもあります。よくあるパターンだと、いわゆる「縛りプレイ」（「ドラクエ」で武器を装備せずにクリアを目指すなど）で自ら難易度を上げて、クリアを目指す方向性もあります。「歌勢」で少し尖ったブランディングの例だと、アニソンに特化したり、寝るときに聴きやすい曲だけを歌う方向性もあります。

繰り返しになりますが、強みとブランディングが上手く設計できていれば、コンテンツは比較的容易に作っていけます。**もし企画が立てられないという場合は、強みやブランディングが上手く定められていない可能性が高い**です。ご自身が設定しているものが適切なのか、改めて考えてみるとよいでしょう。

ちなみに、「ブランディングから外れるコンテンツは出さないほうがよいのか？」という質問をよくいただきます。意味合いとしては、「野球系Ｖｔｕｂｅｒとして売り出しているがどうしてもＡＰＥＸがしたい」という場合です。基本的な回答としてはやらないほうが無難なのですが、どうしてもやりたいのを我慢するのもまた、メンタルによくありません。こういう場合は、ライブ配信してもアーカイブを残さないようにしたり、サブチャンネルで実施したり、Ｔｗｉｔｃｈなどの別プラットフォームでやるのがよいでしょう。**ブランディングに合わない動画をメインチャンネルに混ぜると、SEOの邪魔になり、ブランディングの妨げになります。**もし仮にやる場合でも、趣味であるという自覚を持ち、伸びや数字などにはとらわれないようにしてください。

まとめ

❶強みとブランディングが決まったらコンテンツを生み出すだけ
❷企画が立てられないときは、強みとブランディングを見直そう
❸ブランディングに合わないコンテンツはSEOを阻害する

3章 5節

目標設定

活動にあたって、目標設定はしておくことをおすすめします。なぜかと言うと、目標を設定していないと、「今自分の活動は順調なのか」という判断がつかないからです。順調であれば今のまま活動方針を変えなくてもいいと判断できますし、上手くいっていないなら活動量を増やしたり、活動内容を変えたりする必要があると判断できます。**目標設定後は、頻繁に目標と現状のギャップを確認し、改善していくことが必要です。**ただし、目標は一度決めたら変えてはいけないわけでもなく、定期的に現状をふまえて、変更するのもありです。

多くのVTuberから、活動の目標として以下のような項目をお聞きすることが多いです。「登録者○万人」「月間収益○万円」「3Dライブの実施」「地上波アニメの声優デビュー」などなど。目標を定めるときには、達成する時期も合わせて設定しておきましょう。そうでないと、たとえば登録者1万人が最終目標だった場合、平均で1日10人獲得できていることが、想定どおりのペースなのか判断ができないからです。**目標は、時期とセットで設定して、初めて有効な道しるべになります。**

「登録者○万人」は、とくによく見かける目標です。一番多いパターンでは、1000人や1万人などきりのいい数字を設定されています。稀に、最初から10万人を狙う方もいらっしゃいますが、ここでは現実的に、デビュー1年で登録者1万人を狙うという目標を考えてみましょう。１年後に１万人とざっくり言われてもピンとこないので、月や日単位に直してみます。１万人を12か月で割ると月に８３３人のチャンネル登録が必要で、３６５日で割ると１日27人となります。なので、毎日自分のチャンネルを振り返り、１日27人チャンネル登録が獲得できているかをチェックしていく必要があります。しばらく27人獲得できないとしたら、戦略の変更を検討する必要があるでしょう。仮に１日に27人を超えるペースで獲得できていていたら、たまにはさぼったり、数字に結びつかない活動をするのもよいでしょう。もし、**目標を達成できない日が続き、達成の目途も立たない場合は、ちゃんと目標を下方修正します。**未達成が続き「達成できなくて当たり前」という気持ちを持ってしまうと、負け癖がついてしまい、目標達成に対するモチベーションが下がってしまうからです。ちゃんと、頑張れば達成できる程度の目標にしておくのが大事です。

また、デビュー時から10万人登録などの高い目標を設定するのはよいのですが、目標が高いと、ギャンブルのような戦略になりがちです。目標が極端に高い場合、「トークが上手い」とか「音質を高める」のような、地道なブラッシュアップでは達成が難しくなります。ＶＴｕｂｅｒ業界を騒がせるような先進的な施策を行い、積極的にバズを作り出す必要が出てきます。ただ、バズを狙った施策は、外れるとまったく効果がないこともあり、徒労に終わる可能性もあります。

わかりやすい例としては、ＶＴｕｂｅｒの瑠璃野ねもさんが実施した「ミンミンゼミのモノマネ7時間配信」などが挙げられます。この配信は30万再生を超えるバズを生み出し、瑠璃野ねもさんの認知度を大きく引き上げました。ただし、内容的にまったく再生されない可能性もありました。なかなかたどり着かない高い目標を設定する場合、こういう大きなバズを生み出していくことが必要になってきます。

ざっくりとした難易度としては、ＹｏｕＴｕｂｅのチャンネル登録者１０００人を有するのが全ＶＴｕｂｅｒ上位20%程度。登録者1万人だと上位２０００人強。登録者10万人だと上位４００人程度となります。目標設定の目安として参考にしてください。

「月間収益○万円」のように、収益を目標にする場合も、登録者数と同じように達成時期を一緒に決めておきましょう。それに加えて、どこからどれくらい収益を得る想定なのかも合わせて考えておきましょう。たとえば月10万円の収益を目標にする場合、「広告収益で５０００円」「ＹｏｕＴｕｂｅメンバーシップで５０００円」「スパチャで４万５０００円」「ＦＡＮＢＯＸで４万５０００円」といった具合です。

広告収益が５０００円という目標にすると、１再生あたり０・３円として計算すると、月に約２万再生が必要だということがわかります。同じようにＦＡＮＢＯＸで４万５０００円を稼ぐつもりだとすれば、何円のプランの加入者が何人必要なのかが見えてきます。その目標に近づくように、それぞれのチャネルやＳＮＳを運用していきます。

多くの新人ＶＴｕｂｅｒの場合、安定して収益を得るためには、メンバーシップとＦＡ

ＮＢＯＸの収益が重要になってきます。コアなファンに満足してもらえるプランの制定と、加入促進を行っていくのがよいでしょう。

また、「３Ｄライブの実施」という目標を掲げるＶＴｕｂｅｒは多いのですが、その方々に私はいつもこう問いかけます。「たとえば同接が一桁の状態で３Ｄライブを実施しても、あなたの夢は達成したことになりますか？」。すると多くの方は、３Ｄライブをすることが目的ではなかったことに気づきます。３ＤライブをしたいＶＴｕｂｅｒのほとんどは「多くのファンの前で祝福されながら３Ｄライブをしたい」が目標だったりするのです。仮に同接１００人いる状態で３Ｄライブがしたいのであれば、まずは普段から同接１００人を獲得できるようなチャンネルの体制を先に目指してみましょう。ライブについて検討するのは、その後でも遅くはありません。

もしあなたが３Ｄアバターを持っていなくても、「ＶＲｏｉｄ」でアバターを作って、３Ｄスタジオのお任せプランでいけば、50万円程度で３Ｄライブは実現できます。クラウドファンディングでお金を集めてもよいですし、親に死ぬ気で頼み込んで貸してもらうのもいいでしょう。人生の夢が叶うのであれば、それくらいしてもバチは当たらないかもしれません。夢は早めに叶えておいて損はないと思います。

「完全オリジナルのアバターがいい」「オリジナルステージでやりたい」など、そういう要望を付け加えれば加えるほど費用が跳ね上がっていきますので、具体的にやりたいことの整理をしておくとよいでしょう。

「地上波アニメの声優デビュー」という目標も意外と多いです。ＶＴｕｂｅｒのなかには、もともと専門学校などに通って声優を目指していた方も多いので、そうなるのかもしれません。声優になるにあたって、ＶＴｕｂｅｒとして認知度を高めてから挑戦するというのは、個人的にはいいアプローチだと思います。正攻法で声優業界をかけあがるのは非常に狭き門だからです。それならいっそ、ＶＴｕｂｅｒとして認知度を高めて、その認知度を武器に声優オーディションに挑戦したほうが、勝率は高そうに思います。もちろん、最低限の声優としてのスキルはある前提の話です。声優としてのスキルが一切ない状態でプロの現場に出るのは非常に難しいので、もしトレーニングを積まれた経験がないなら、ＶＴｕｂｅｒとして活動しながら、並行して声優としてのスキルを磨いておきましょう。

これまでＶＴｕｂｅｒが地上波アニメの声優に抜擢された例はいくつかありますが、少なくともＹｏｕＴｕｂｅのチャンネル登録者が10万人を超えている方々です。なんなら実際は10万人よりもっともっと高いことがほとんどです。そのことから考えても、声優デビューより先に、登録者10万人達成に尽力すべきです。登録者が10万人を超えてから、どのように自分を売り込んでいくかを具体化していくくらいがよいでしょう。ほとんどのＶＴｕｂｅｒにとって、登録者10万人は到達できないほど高い壁なので、まずはそちらに本気で取り組んでみるのがよいと思います。

まとめ

❶目標設定後は、頻繁に目標と現状のギャップを確認し、改善していくこと

❷目標を達成できないときは戦略を見直し、達成の目途が立たない場合は目標を下方修正する

3章 6節

今の市場はどんな感じ？

本節では、ＶＴｕｂｅｒの活動ジャンルのコンテンツ比率について解説します。ただし、統計をしっかりとって確認しているわけではありませんので、あくまで目安として捉えていただければと思います。まず大まかな各ジャンルの割合としては、ゲーム70％、ＡＳＭＲ10％、歌10％、その他10％程度の比率となっています。それぞれ解説していきます。

ＶＴｕｂｅｒの配信する内容の70％くらいは、ゲーム実況です。ゲーム自体の映像によって配信画面が豪華になるのと、ゲームが話すネタを提供してくれるので、トークの難易度が下がるメリットがあります。また、大手事務所に所属するＶＴｕｂｅｒもゲーム実況をしている人が多く、その配信を見て育った層が、同じ活動スタイルを踏襲しているのも要因になっていると思います。

これは、**ゲーム実況が参入しやすいジャンルということを示しており、競合が多く、このジャンルで優位に立つのが難しいということを意味しています。**このジャンルで伸びているＶＴｕｂｅｒは、特定のゲーム（主としてソシャゲ）に特化したり、レトロゲームなどジャンルに特化して活動されているケースが多いです。他にも、ストグラ（※ストリーマーが集まってロールプレイングしている「グランド・セフト・オート」シリーズのサーバー）など、コミュニティの力で伸ばしていくのが、最近のトレンドとなっています。

現在は「ＡＰＥＸ」や「ＶＡＬＯＲＡＮＴ」の超上級者が、ゲームプレイの上手さを売りにしてチャンネルを成長させているケースはほとんどありません。どちらかというと、トークの楽しさで、リスナーの興味を引っ張っていくタイプが多いです。

ASMRは全体の10％程度です。ASMRを簡単に説明すると、「気持ちいい音が聴けるコンテンツ」と考えれば、大筋間違っていないと思います。わかりやすい例だと、耳かきされていることを体感できるような配信です。それ以外だと、囁きボイス、オイルマッサージなど、ややフェティッシュな印象を抱かせるものも多く、疑似恋愛的な要素を織り込むVTuberも多いです。需要は大きく、伸びやすいジャンルであると言えます。

ただし、上を目指そうとすると、機材や音質についての知識が相当必要なほか、シチュエーションプレイとして成立させる演技力も必要になってきます。近年では、手や体を実写で見せて配信するVTuberも増えてきました。昔は耳かきや囁き声を主体にした配信が多かったのですが、最近はカウンターとして、脚フェチ向けやラバー愛好家向けなど、ASMRのなかでも特色を持たせるVTuberも現れており、人気を博しています。

注意しないといけないのは、YouTubeのAIはこのジャンルに厳しく、他と比べてチャンネルBANの可能性が高いことです。欧米では、**ASMRはセンシティブなものという認識があるようで、これまで数多くのチャンネルがBANの憂き目にあってきました。**ASMRを主体とされる方は、このリスクについて認識しておきましょう。

歌活動をするVTuberは、歌配信が主体の方と、一般的なアーティストのように歌動画を主体とする方、二つの方向性が存在します。しかし、歌動画を中心に登録者数を伸ばすのは難易度が高く、これだけで伸ばしたチャンネルはほとんどないように思います。歌動画で一定数伸びているＶＴｕｂｅｒは、ＹｏｕＴｕｂｅ広告を活用されるケースが多い印象です。

したがって歌を主体として戦っていく場合は、歌配信を中心にすることが多いのですが、近年はレベルの上がり方が激しく、プロシンガーレベルのＶｔｕｂｅｒが数多くいらっしゃいます。実際、元プロがＶＴｕｂｅｒ活動をされている例も少なくありません。歌のスキルが高いと伸びやすい半面、ハイレベルでないと伸びることができないのがこのジャンルです。ご自身の歌唱力がプロレベルだと思うのであれば、それを売りに活動するのもよいと思います。歌唱力のみならず、いかに配信で綺麗に声を届けるかという機材の知識も求められます。

また、その他の配信だと、雑談や野球同時視聴、ＦＸなどの投資、ニュース解説などがあります。ＶＴｕｂｅｒの配信と聞くと雑談配信が多い印象をお持ちの方もいるかと思いますが、ゲーム配信に比べたら圧倒的に数は少なく、雑談を主体とするＶＴｕｂｅｒは少数派です。野球同時視聴などは、専門知識があって解説が上手ければ、しっかり数字を獲得できている傾向にあります。ただし、どのジャンルについても企画力は求められます。

現在のＶＴｕｂｅｒのコンテンツは、概ね以上のような比率となっています。あなたの強みを活かすには何をすればいいか、戦略を立てる際の参考にしてみてください。

まとめ

❶ゲーム実況は参入しやすいが、競合が多い
❷ASMRはチャンネルBANのリスクが高い
❸歌の活動はハイレベルな歌唱力が要求される
❹どのジャンルでも企画力は必要

3章 7節

いつまで同じ施策を続けるか？

一般的にYouTubeのチャンネルは、同じ方向のコンテンツだけで構成するのが望ましいです。そうでないと、「野球の動画を見たくて登録したのにサッカーばかり投稿される」というようなミスマッチが発生しますし、SEO的な視点で見ても「このチャンネルは毎回投稿内容が変わるから、どんなユーザーにおすすめしていいかわからない」と、YouTube運営サイドに判断されてしまいます。YouTuberや動画投稿者は、**チャンネル登録者が10万人を超えるまで、同じジャンルの動画だけで構成するべき**だと言われることもあります。野球チャンネルなら野球以外の内容は配信してはならないし、レトロゲームチャンネルならレトロゲームのみにすべき。大食いチャンネルなら、大食い以外をコンテンツにするべきではありません。

そして、チャンネル登録者が10万人を超えてきたら、周辺領域を開拓してみてもいいでしょう。たとえば、普段プロ野球のテクニック解説をしているチャンネルなら、「球場に行ってみた」「球場グルメを食べてみた」のような動画です。いつもとは異なる客層にリーチしつつ、野球に関連性のあるものを出すことで、既存リスナーからも一定数の視聴が期待できます。

チャンネル登録者数が10万人を超えると、こういう動画は新規層の獲得に効果的なのですが、固定ファンがつく前だと動画投稿直後の伸びが弱いため、登録者数が少ない段階で実施するのはやめておきましょう。

VTuber業界の全体を俯瞰すると、コンテンツ系の方や「歌勢」は、登録者数が

10万を達成したあとも、同じコンテンツを貫いている人が多いように思います。特に、「歌勢」で活動方針を変える方は、あまりいらっしゃいません。

ゲーム系だと、特定のゲームで大当たりして一気に登録者を増やす方がいるのですが、一つのタイトルで伸びるのは1万人程度、多くても3～4万人程度というケースが多いです。たとえば、新作ソシャゲを開幕ダッシュで配信して多くのファンを集めたとしたら、そのタイトルのファンだけで登録者が1～3万人くらいまでは一気に伸ばせる可能性があります。一方、一つのタイトルでそれくらいの数を獲得した後は、それ以降の伸びが一気に鈍化して、登録者の増加が止まってしまうことが多いです。なので、こういう場合に取り扱うタイトルを変えていく必要が出てきます。

方向性や取り扱うコンテンツを変更する際は、今までの内容にできるだけ関連させるのがセオリーです。そうでないと、既存ファンを引き連れていくことができず、一斉にチャンネルから離脱されるリスクがあります。元々ソシャゲをやっていた方であれば、別のソシャゲへと移行していき、「最新ソシャゲを最速プレイするチャンネル」のようなブランディングにしていってもいいですし、MMORPGをプレイしていた方なら、別のタイトルをプレイするなど、関連性の高さを踏まえて変更を検討しましょう。

このような、既存のコンテンツと領域を被らせながら別のコンテンツを制作対象に含めていくことを、私は「傘を広げる」と表現しています。チャンネルには、広げるべき傘の設定が絶対に必要で、それがソシャゲであったり、MMORPGであったりします。この設定をせずにチャンネルを運用してしまうと、今日は野球、明日は漫画、明後日はコスメという感じで、統一感のないチャンネルになってしまい、成長を阻害することになりかねません。同じコンテンツでの活動を継続し、伸びが鈍化してきたら、似たような方向性でコンテンツの傘を広げる検討をしてみるのがよいでしょう。

まとめ

❶チャンネル登録者が10万人を超えるまでは、同じジャンルのコンテンツにするのがセオリー
❷方向性や取り扱うコンテンツを変更する際は、今までの内容に関連させるのがセオリー

3章―8節

スタートダッシュを決めるために

本書を読んでおられるようなモチベーションが高い方々は、ＶＴｕｂｅｒデビュー時になるべく最高のスタートを切りたいと考えておられることでしょう。ＶＴｕｂｅｒはデビュー日を大切にします。なぜなら、その後も周年記念イベントなどを実施するきっかけとなる日だからです。

ただ、ＶＴｕｂｅｒにとってのデビュー日は考え方が難しく、最初に動画投稿をした日をデビューとする方もいれば、Ｓｈｏｒｔｓを数十本投稿してもデビューとせず、初配信をデビュー日とする方もいます。ここでは、初配信をデビュー日として考えてみましょう。

ここ1～2年くらいで、**デビュー配信を盛り上げるメソッドはある程度確立されてきています。ティザームービーとＹｏｕＴｕｂｅ広告のコンボ戦術です。**デビュー前にティザームービーをチャンネルに投稿しておき、デビュー配信日の7～10日ほど前から広告を打ち始め、デビュー配信時に一気に人を集めるのです。このメソッドが上手くいき、デビュー配信で同接１００人から４００人程度獲得している例もあります。もちろん、ティザームービーやアバター、声質などが高水準である必要はあります。多くのＶＴｕｂｅｒの通常配信時の平均同接は10人程度ですので、そんなな か同接１００人を超えるのは、まさにスタートダッシュが決まったと言えます。

ただし、現在のＹｏｕＴｕｂｅはステマ対策の一環として、広告を打った方の実名が見えてしまうようになっています。これにより、身バレを嫌うＶＴｕｂｅｒは、自分自身で広告を打つことが困難です。実施したい場合は、代理で広告を打ってくれる企業や、サービスを活用することになります。

前述以外のスタートダッシュ戦術だと、**デビュー前からShortsを大量に投稿する方もいます。デビュー2か月前くらいから投稿しはじめて毎日投稿すれば、デビューまでに60本は投稿できます。こちらは広告を活用するよりも、SEO的には難易度が高いです。なぜなら、新規チャンネルの動画は、なかなかインプレッションが広がりにくいためです。しかし、動画や配信よりはShortsのほうがインプレッションをとりやすいメディアであるため、悪くない方法だと思います。**どれくらい伸ばせるかはShortsのクオリティ次第ですので、動画制作に自信がある方は、チャレンジしてみてもよいでしょう。ただし、「デビューまであと○日！」と一言だけ発するようなシンプルな動画は効果が薄いので、工数を考えると割に合わない可能性があります。

SNSを活用するパターンですと、キービジュアルのようなイラストを多数用意し、Xで拡散を狙っていく方法もあります。ただ、イラストの品質に一定のレベルが求められるのと、SNSからYouTubeに誘導する難易度が高いので、あまり効率的ではないかもしれません。とはいえ、YouTube用にイラストやShortsを作るのであれば、同じものをSNSに投稿するのはそれほど手間ではないので、やってみてもよいでしょう。

ここまでスタートダッシュを決める方法について解説してきましたが、本当に大変なのはそのあとだったりします。自身のYouTubeチャンネルの中身が充実していない

と、最初にリスナーを集めても、すぐにリスナーが離れていってしまうからです。これまで、スタートダッシュに成功した方をたくさん見てきましたが、半年から1年くらいかけて徐々に影響力が落ちていき、気がつくと同接20〜30人くらいのポジションに落ち着いていることが多いように思います。

もちろんそのままの調子を維持されている方もおり、そういった方はやはりコンテンツの品質が高いケースが多いです。みなさんも、一時の栄光がほしくて活動するわけではないと思いますので、デビュー時の立ち回りもさることながら、継続的に品質の高いコンテンツを提供していく点にも、しっかり向き合っていきましょう。

まとめ

❶スタートダッシュはティザームービーとYouTube広告の組み合わせによるコンボ戦術が流行っている
❷デビュー前にShortsを大量に投稿するのもよい
❸スタートダッシュが決まっても、コンテンツを充実させないと、その後リスナーが離れる

3章 9節

予算設定

VTuberがデビューするまでには、どれくらいのお金がかかるのでしょうか。もっともお金をかけずにデビューするパターンなら、ほぼゼロ円で開始できます。「REALITY」などのスマホアプリで活動することで、スマホさえあれば初期投資無しでデビューすることができるでしょう。**「エンジョイ勢」ならここからスタートすれば、初期投資ゼロで即日デビューもできます。**

「ガチ勢」の場合はどうでしょうか。「SKIMA」や「ココナラ」などのコミッションサイトを探せば、イラストからLive2Dまで一貫して制作してくれるクリエイターがいます。そういった人に依頼すれば、10〜15万円程度でオリジナルのLive2Dアバターがゲットできます。PCをすでに持っている場合、オーディオインターフェイスとマイクを3万円程度で、Live2Dを動かすためのWEBカメラを5000円程度で購入すれば、デビューは可能です。**PCを除くと、合計で約20万円程度あれば、VTuberデビューできます。**

さらに予算がある方は、次のような部分にお金を使ってみてもよいでしょう。「アバター用イラストに30〜70万円程度」「Live2Dモデリングに30万円程度」「キービジュアルなどのイラスト数点で10〜15万円程度」「OPムービー＋EDムービーで3〜5万円程度」「オリジナル配信画面デザインに3〜5万円程度」「ティザームービー制作で5〜10万円程度」「YouTube広告で数十万円程度」。こだわれば青天井になってしまう世界ですが、150〜200万円程度あれば、安心してデビューできます。

アバター用のイラストは、レイヤーわけの作業が必要になるため、普通にイラストを描いてもらうよりも高額になりがちです。また、有名なイラストレーターに依頼が集中するため、近年では単価が高まっているほか、納期は1年後というケースもあります。

Ｌｉｖｅ２Ｄモデリングについても、こだわればこだわるほどお金がかかります。手を振るモーションだったり、表情パターンやアイテムの着脱など、細かい仕様を追加するほど費用がかかります。ただ、こうした投資によって〝強い〟Ｌｉｖｅ２Ｄアバターを作っておけば、サムネイル制作のときなどに役立ちますので、ここにお金をかけておくのは悪くないです。

また、キービジュアルは、ＶＴｕｂｅｒの顔となる、背景を含めたイメージイラストのことです。いろんなメディアに露出させたり、ＹｏｕＴｕｂｅやXのヘッダーなど、世界観の構築が必要な部分に利用します。一目でキャラクターの個性を伝えることができるので、多少予算を割いてでも作っておきたいところです。雑誌などの掲載時にも使いやすいです。ただし、複製してグッズを作って販売するなどの場合、著作権が問題になることもあるので、利用範囲についてはイラストレーターと十分話し合っておくことをおすすめします。予算的に余裕があれば、著作権を買い取ることも検討しておきましょう（ただし、著作者人格権は引き続きイラストレーターに帰属します）。

前節でも説明したとおり、ＹｏｕＴｕｂｅ広告はスタートダッシュに有効です。現在（※

2025年3月時点）国内だと、1再生させるのに6円前後が必要です。仮にデビュー前にティザームービーを10万再生させたいとしたら、60万円が必要な計算になります。たびたび「広告は何円くらい使ったら効果がでますか？」という質問をいただきます。YouTube広告の効果は出した金額に正比例するので、実際はいくらでも効果は出る、といえます。デビュー時の余った予算を、広告にすべて投下するような形で利用していくとよいでしょう。広告の具体的な効果については、別の章で解説します。

デビューのときに投資した資金は、当然ですがなるべく早く回収したいですよね。いつまでにどれくらいのチャンネル規模にして初期投資を回収していくか、具体的にイメージしておきましょう。

まとめ

❶「エンジョイ勢」は「REALITY」などを使えば、初期投資ゼロ円で即日デビュー可能
❷「ガチ勢」でも、約20万円程度あればデビュー可能（PCを除く）
❸万全の状態でデビューするには150～200万円あるとよい
❹YouTube広告の効果は出した金額に正比例する
❺いつまでに投資した資金の回収をするかイメージしておくこと

case study 3

Vtuberスタートから登録者1000人まで

じつは私はデビュー当初は「動画勢」でした。当時はまだVTuber市場についてほとんど知見がありませんでしたが、2020年6月時点で「配信勢」が大半を占めているような状況でしたので、同じことをしては勝てないだろうなと思っていたのです。

デビュー当初は、「YouTubeのチャンネル登録者100万人」なんて大きな目標は考えておらず、「1～2年くらいかけて登録者が1000人になってくれたらな」くらいの感覚でした。しかし、目標を決めて、達成度を細分化し、KPIを追いかけてPDCAを回すという行為が昔からすごく好きだったので、努力がしっかりチャンネル登録者数として跳ね返ってくるYouTubeの活動に、すごくのめりこんでいきました。

最初はカーレースについての解説動画を投稿していました。毎回再生数は50程度。10本くらい投稿したところで、「動画制作に使っている手間と得られる効果が釣りあってない」と考えるようになり、ほかのVTuberと同じような活動方針、つまり「配信勢」への変更を決意します。ちなみに当時の動画はすべて非公開にしているのでもう見られません。

忘れもしませんが、最初の配信は「雀魂 －じゃんたま－」の配信でした。とくになんの告知活動もプロモーションもしなかったところ、その配信の平均同接は2。そのうちの1は私の確認用スマホです。コメントも、海外の方が中国語で書いてくれた二つだけでした。トークもできなくて、恥ずかしくなって半荘1回だけで逃げるように配信を停止しました。ここからわかるように、無策で挑めば、YouTubeはこういう結果になります。

その後、Xで交流のあった先輩VTuberに相談したところ、一度コラボをしていただけることになり、そこからリスナーが数人流入してくれました。この時の恩を私はすごく感じていて、私も今後デビューする新人VTuberに同じようなことをしてあげようと強く思いました。その時のありがたいコラボが、今の活動に繋がっています。

それから、ゲーム配信を重ねていったことで、デビューから4か月で登録者1000人を達成しました。成長できた要因としては、当時はあまりプレイしているＶＴｕｂｅｒがいなかったゲーム「グランツーリスモ」を中心とした配信にしたことです。そのゲームのファンが、たくさんチャンネル登録をしてくれました。

これからデビューされる方も、やはり空いてる市場を探すことは、意識されたほうがいいと思います。ゲーム配信をするにしても、どんなジャンルに競合が多いのか、少ないのか、まずはリサーチしてみることをおすすめします。

こうして無事収益化できた私は、さらなるチャンネルの成長を目指して、新たな目標を設定し、活動を続けていくことになります。

4章

成長戦略

4章 1節

YouTubeの仕組みの解説

ご存じの方も多いと思いますが、ＹｏｕＴｕｂｅには、大きく分けて三つのコンテンツのタイプが存在します。一番基本となる横型の「動画」と、縦型で3分以内の「Ｓｈｏｒｔｓ（ショート）」（２０２４年10月に、再生時間の上限が1分から3分に伸びました）、そして、リアルタイムで発信を行う「配信」です。

ＹｏｕＴｕｂｅでチャンネルを成長させるためには、まずＹｏｕＴｕｂｅの仕組みを知らなければなりません。**戦略がなく、フックのない動画や配信を継続していても、大きく伸びることは永遠にありません。**たとえば、同じサムネイルを使って同じゲームの実況動画を1年くらい継続的に投稿している方を見かけたことがありますが、ずっと再生数としては１００くらいのままでした。「エンジョイ勢」は楽しければＯＫですが、「ガチ勢」はそれではいけません。「とにかく継続する」、だけでは成長が見込めません。「まずはやってみよう」というようなご意見も見かけますが、それは同時に伸びるための工夫をしたり、ＰＤＣＡを回していくことが前提です。無策で挑み続けても、成長する可能性は低いです。

ＹｏｕＴｕｂｅで成長するために、まずは自分のチャンネルを知ってもらう必要があります。そして知ってもらうためには、サムネイルをインプレッションさせる必要があります。インプレッションとは、あなたのサムネイルが誰かの画面に表示されることを指し、「ｉｍｐ」と略されたりします。

普段ＹｏｕＴｕｂｅを見ていると、自分では登録していないチャンネルなのに、サムネイルが表示されていることがありませんか。また、ＰＣで動画を視聴している際に、画面の右側に関連する動画のサムネイルが表示されていたり、スマホで視聴していたら再生画面の下にサムネイルが出ていたりしますよね。このような感じで、ＹｏｕＴｕｂｅは「あなたはこの動画を見たら楽しめると思いますよ」というものを自動的におすすめするような仕組みになっています。

これは、ランダムで表示されているわけではなく、ＹｏｕＴｕｂｅが意図的に選んだ動画が表示されています。どうすればＹｏｕＴｕｂｅにおすすめしてもらえるのでしょうか。

ＹｏｕＴｕｂｅは「ＹｏｕＴｕｂｅにユーザーを長く滞留させたい」と考えています。長時間視聴するほど、ＹｏｕＴｕｂｅはたくさんの人に広告を見せることができ、収益が増えるから「ほかにも面白いコンテンツがあるよ」とおすすめしているのです。サッカーが好きな人に、人気のサッカー解説動画を見せれば、継続してＹｏｕＴｕｂｅを見てくれそうですよね。このように、そのユーザーがどういうジャンルが好きなのかをＡＩで判別し、その人に合った動画を表示する仕組みになっています。

では、面白いコンテンツというのはどのように判断するのでしょうか。ＹｏｕＴｕｂｅのＡＩは、面白いか面白くないかを自分で判断しません。判断の根拠はそれぞれのユーザーの行動です。

ＹｏｕＴｕｂｅは次のような項目を見て、それぞれのコンテンツの評価をしています。

「総視聴時間が長いか」「平均再生時間が長いか」「高評価ボタンは押されているか」「たくさんコメントがあるか」「チャット欄がにぎやかか」「動画（配信）の共有をしている人はいるか」などなど。これらのスコアが高ければ高いほど、ＹｏｕＴｕｂｅはそのコンテンツを「面白いコンテンツ」と判断し、たくさんの人にインプレッションが届くようになります。逆に、スコアが悪いとユーザーはＹｏｕＴｕｂｅを閉じてしまう可能性があるので、その動画をインプレッションしてくれなくなります。

いっさい誰にもインプレッションされない状態だと、そもそも面白いかどうかが計れないので、インプレッションがゼロになることもありません。どんなにチャンネルの評価が低くても、何名かには表示されます。その何人かのリアクションがよければ、さらにそのコンテンツをインプレッションしてくれます。

なので、リスナーのリアクションはとても重要です。ＹｏｕＴｕｂｅｒやＶＴｕｂｅｒが、繰り返し「チャンネル登録やグッドボタンを押してね」と呼びかけるのは、こうした仕組みを知っているからです。

また、動画や配信の中身だけではなく、サムネイルのクオリティも重要です。サムネイルを表示できる場所は限られています。なので、何回表示しても誰もクリックされないサムネイルを表示するのは、ＹｏｕＴｕｂｅにとっては不利益と評価されます。ＹｏｕＴｕｂｅとしては、せっかくサムネイルを表示するからには、クリック（タップ）してほしいわけで、クリック率が高いほど何度も繰り返し表示してくれるようになります。

ここまでの説明からわかるとおり、**ＹｏｕＴｕｂｅは「面白いコンテンツ」が伸びるのではなく、「伸びているコンテンツがさらに伸びる」という性質のプラットフォームです。**そのため、チャンネルを伸ばしたいなら**最初の伸びを自力で獲得する必要があります。**「サムネイルが面白く」「コンテンツが面白いと思われるもの」が伸び、そうでないものが伸びないのがＹｏｕＴｕｂｅです。

ＹｏｕＴｕｂｅにはサムネイルの存在があるため、Ｔｗｉｔｃｈなどのプラットフォームよりも数字を伸ばす再現性は高いと思っています。サムネイルで興味を引くことができれば、コンテンツを見てもらえる可能性があるからです。「なんとなく活動しているけど伸びないなあ」と感じられているＶＴｕｂｅｒは、まずこのあたりの状況を見直し、「どうしたらＹｏｕＴｕｂｅが自分を推してくれるのか」という点を考えていきましょう。

まとめ

❶戦略がなく、フックのない動画や配信を継続しても、大きく伸びることは永遠にない
❷YouTubeは「YouTubeにユーザーを長く滞留させたい」と考えている
❸YouTubeは「面白いコンテンツ」が伸びるのではなく、「伸びているコンテンツがさらに伸びる」という性質のプラットフォーム

4章 2節

成功事例の認識

実際にYouTubeで成功しているVTuberは、どのような活動をしているのでしょうか。ここでは、直近数年で大きく成長したチャンネルを、いくつか紹介します。実例を見ることで、どんなふうに戦略を考える必要があるのかが見えてきます。選出したチャンネルは私が恣意的に選んでいるので、内容に偏りはあると思いますが、選考基準は、実例としてわかりやすい戦略をとっているチャンネルであることです。

新兎わい

Shortsの有用性を知らしめた先駆者です。Shortsの特性については後述しますが、このショート動画でバズを量産し、たった1年で60～70万人ものチャンネル登録者を増やしました。これは、「企業勢」を除けば、業界トップクラスの事例です。すでに収録したゲーム実況動画に、後付けでフリとオチを付けることで、誰でも楽しめる内容にするというフォーマットを生み出した天才です。

ざき

「役満VTuber」というブランディングで、麻雀ジャンルで活動している方です。配信だけでなく、動画の投稿ペースが早く、クオリティの高い麻雀動画で大きく伸ばしていきました。麻雀という、ファンが大量にいるマーケットで認知されたことにより、大手のVTuberとコラボする機会が増えました。

七海うらら

Ｓｈｏｒｔｓで、歌のハモりテンプレートを配布するという文化が数年前にできましたが、それを活用して大きく伸びた方です。持ち前の歌唱力をＳｈｏｒｔｓで発揮して大きなバズを量産し、歌系の「個人勢」として一気に駆け上がりました。リアル会場でもライブをされるなど、２・５次元系ＶＳｉｎｇｅｒのはしりと言えるかもしれません。

キルシュトルテ

大手事務所のＶＴｕｂｅｒとコラボしたことにより、登録者が数百人から一気に10万人まで駆け上がりました。一時はやや登録者数が減少傾向に転じるなど、低迷している時もありましたが、チャンネルの方向性をセンシティブなネタに寄せ、ギリギリを攻めるトークやクオリティの高い企画力で、再び大きく成長しました。

コアラ先生の時事ネタ祭り

時事ニュースを丁寧に解説することで、堅実にチャンネル規模を成長させてきたＶＴｕｂｅｒです。動画のクオリティも更新頻度も高いです。自分の領域外のことにはいっさい手を出さず、得意領域に特化することでしっかりと実績を残しているチャンネルです。一般的にイメージするＶＴｕｂｅｒカルチャーとは異なるタイプなので、このチャンネルを見るとやや衝撃を受けるかもしれません。

天羽しろっぷ

「身バレ系VTuber」というブランディングで、大きくチャンネルを成長させました。デビュー当時からそういう方向性ではなかったので、途中で伸びることを発見してそちらに寄せていったのだと思います。Xの活用が天才的に上手で、バズりポストを量産しています。YouTubeにおいては、Shortsのクオリティが高く、ブランディングの奇抜さと相まって成長を牽引していました。

みかんとボーカルノート

元プロのボーカリストという経歴を活かし、歌い方講座などの動画で大きくチャンネルを伸ばしました。配信ではご自身も歌われているほか、リスナーへの歌の質問会を開催するなど、ブランディングに沿った活動のみをされているのが、成功の大きな要因かと思います。もともと歌い方講座に特化したYouTubeチャンネルはいくつかありましたが、それをVTuber業界に持ってくることでも伸びることを証明しました。

KANADE MiMi ch.

VSingerとして活動されていましたが、リアルとバーチャルのダンスを一緒に見せるShortsの量産で、大きくチャンネルを成長させました。自身の歌とダンスの上手さを強みにしたチャンネル運営ができているのが、成功要因だと思います。

ここまで見てきたように、**大きく成長しているVTuberは、しっかりとした強みや戦略があることがわかります。**「なんとなくゲーム実況をしました」というスタンスで伸びたチャンネルは、ほとんどありません。もしあなたがYouTubeの登録者数10万人を超えたいのであれば、自分の強みをどのようにコンテンツ化していくかを考える必要があります。

ちなみに、これだけははっきりと言い切れるのですが、**いいコンテンツを作っているクリエイターは時期の問題はあれど、最終的にはみんな伸びます。**いいコンテンツさえ作っていれば、あとは人の目にいつ止まるかだけの問題で、見つかってしまえばそこから爆発的にチャンネルが成長するからです。なので、ぜひ小手先のテクニックではなく、よいコンテンツとは何かについて探求し、あなたが自信を持ったコンテンツを継続的に作ってみてください。

まとめ

❶成長しているVTuberは、強みを認識し、しっかり伝える戦略を実行している
❷いいコンテンツを作っていれば、最終的には伸びる

4章 3節

YouTubeにおけるカスタマージャーニー

みなさんは、「カスタマージャーニー」という言葉を聞いたことがありますか？　商品やサービスの認知から購入まで、どのような経路をたどるのかという顧客行動を指します。ここでは、ＹｏｕＴｕｂｅにおけるカスタマージャーニーについて考えてみましょう。リスナーがあなたのチャンネルを認知してから登録し、常連になるまで、次のような流れになります。

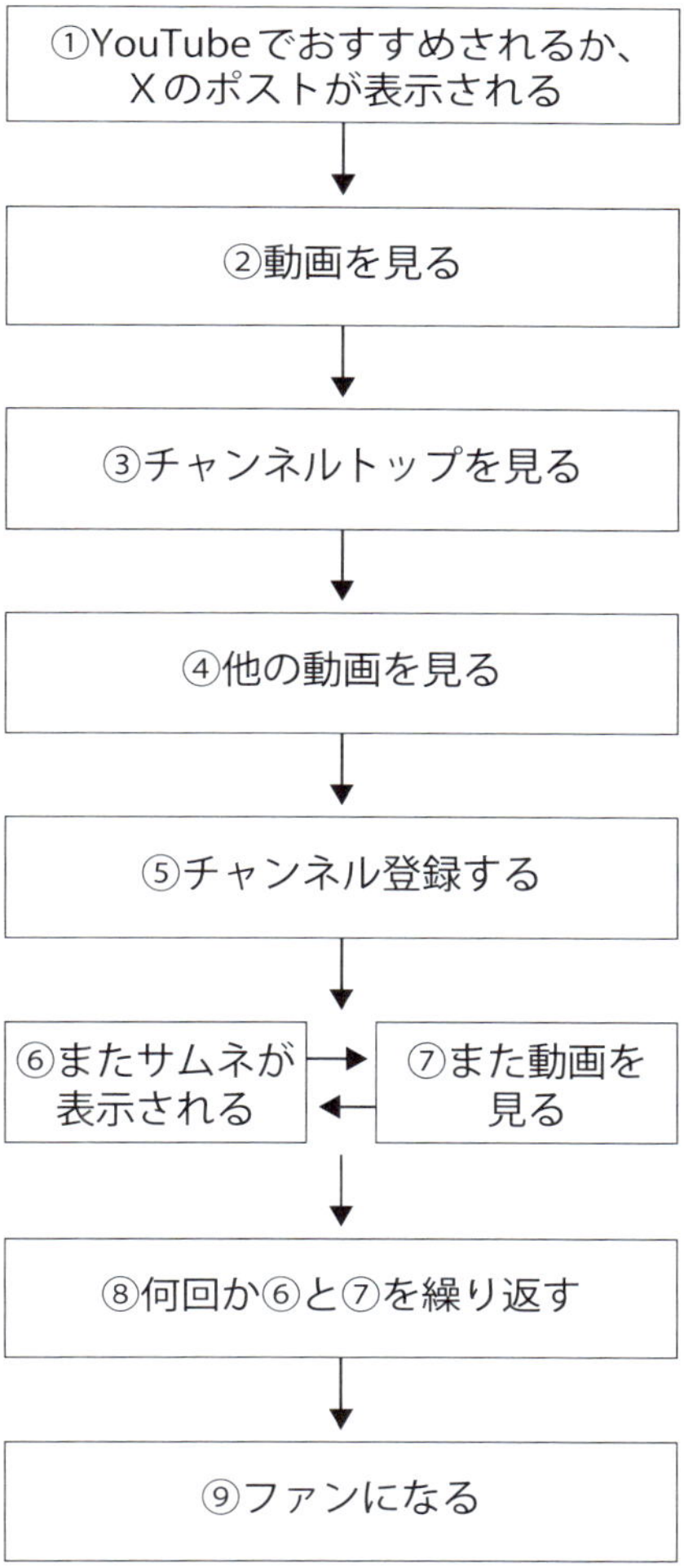
①YouTubeでおすすめされるか、Xのポストが表示される
②動画を見る
③チャンネルトップを見る
④他の動画を見る
⑤チャンネル登録する
⑥またサムネが表示される
⑦また動画を見る
⑧何回か⑥と⑦を繰り返す
⑨ファンになる

まずは、**とにもかくにも認知されなければいけません。**そのためには、ＹｏｕＴｕｂｅのおすすめか、Ｘのポストがインプレッションされる必要があります。自分のチャンネル

のSEOの力を高め、まずは相手にコンテンツを見てもらいましょう。

その後、一つの動画や配信の視聴だけですぐにファンになってくれたらよいのですが、大半の場合はそうはなりません。次は「このチャンネルは今後も継続的に自分の興味のある活動をしそうか？」という点をチェックされます。そのために、関連する動画や配信をたくさん用意したり、YouTubeのチャンネルトップをカスタマイズすることで、それを相手に見やすく提示するなどしなければなりません。質の高い動画があったとしても、過去の動画一覧に埋もれていたら、相手に見つけてもらえません。それでは存在しないのと同じです。

また、強みやブランディングもここで重要になってきます。せっかくサッカーの配信を見て興味が出たのに、ほかの動画が野球ばかりだったら、見た人はどう思うでしょうか。「自分の見たいものはここにはないな」と思い、離脱します。だから、チャンネルのブランディングが重要なのです。

おすすめから入ってきたリスナーが、その後、過去の動画も見て、未来への期待ができた段階で、やっとチャンネルの登録をしてもらえます。ただ、この段階では「絶対次の配信も見逃さないぞ！」というモチベーションにまでは至っていないことも多いです。次の配信や動画についても、「なんとなくYouTubeを見ていてサムネイルが出たら見てみよう」というくらいの意識で登録することが多いです。

一度でも自分の動画や配信を見たことがあるユーザーには、次のコンテンツのサムネイルが表示される可能性が高くなり、相手の目に入る可能性も高くなります。ただし、時間帯が合わないと見てもらえない可能性があるので、**配信の場合はなるべく同じ時間帯に毎日配信しましょう。**この段階では、**サムネイルのクオリティがとても大切です。**「前回の配信は面白かったが、今回はつまらなそう」と思われると、せっかくインプレッションがとれてもクリックされないからです。

さてこのように、なんとなく興味を持って何度か配信や動画を見ることを繰り返すと、単純接触効果によりどんどんそのチャンネルに興味が出てきます。こうなれば、もう立派なファンと言っていいでしょう。次の配信も見逃さないようにしたい、という意識が湧き、Xをフォローしてくれたり、配信スケジュールを積極的に確認してくれるようになったりします。

まとめ

❶最初のハードルは認知されること
❷配信の場合はなるべく同じ時間帯に毎日配信する
❸ユーザーがファンになるまでは、サムネイルのクオリティがとても大切

4章 4節

配信での戦い方

ここでは、これから配信を主体に活動していくVTuberに向けて、チャンネルを成長させる方法を解説していきます。

さて、動画と比較したときの、配信の強みは何だと思いますか？　効率を重視する現代人にとって、1回が数時間にもおよぶ配信は、タイパ（※タイムパフォーマンス）が悪いコンテンツのように思えます。そんな状況のなか、配信視聴の愛好者がいるのは、相応の魅力があるからです。その代表的なものが、リアルタイム性とインタラクティブ性です。

リアルタイム性とは、今まさに状況が進行していて、この先何が起こるかわからない、という状態のことを指します。たとえば、サッカーのワールドカップ。生放送でご覧になる方が多く、結果が報じられたあとで録画を最初から最後まで見る方は少数派だと思います。リアルタイムで見るのは、同じように今リアルタイムで見ている人がたくさんいるからであったり、この後どうなるかわからないというハラハラ感があるからです。

インタラクティブ性とは、双方向性を意味します。リスナーがその配信に影響を及ぼせるかと言い換えることができます。たとえば、VTuberが配信中にAとBを選択する場面で、その決断をリスナーに委ねたり、コメント欄でおしゃべりできたり、といった要素がインタラクティブ性です。一方的に視聴することしかできない動画に比べ、自分が参加している必然性を演出できるのが、配信のいいところですね。大手のVTuberは、このあたりの魅せ方が抜群に上手いです。数千を超える同接の場合、すべてのコメントに反応することはできませんが、最大公約数となる大きな意見を拾っていくことで、多くのファンが配信に参加している感覚を演出できます。

まだ成長途中のVTuberにとっては、インタラクティブ性、とくにコメント欄とやり取りができるという部分が、配信の大きなメリットになります。 このやりとりは、ほぼ必須事項になっていると言ってもいいでしょう。イメージしてみてください。あなたが仮に同接一桁の配信に訪れた際、ほとんど誰も書いてないなかで打った自分のコメントが読まれなかったとしたら、寂しい気持ちになりませんか。同接が低い場合は読まれて当然、という気持ちを無意識に抱えるリスナーは、少なくありません。

一方、とても魅力的なコンテンツを作れるVTuberは、インタラクティブ性を必要としません。そういった方は、リアルタイム性を軸にして、見るだけで楽しめる配信を制作し続けましょう。TVの生中継の制作イメージに近いです。

さて、チャンネルを成長させていくには、同接や再生数を伸ばす必要があります。同接を構成する要素は、「インプレッション数」「サムネイルのクリック率」「配信から離脱する人数」。この三つです。それぞれのテクニックについて解説します。

インプレッション数

YouTubeが配信をおすすめするためには、その配信がどんな内容かを把握しなければなりません。YouTubeが内容を把握する場所はおもに「タイトル」「概要欄」「配信のタグ」です。配信の内容が理解でき、かつ検索需要がある単語を、この3か所に入れておきましょう。ただし、注意しないといけないのは、虚偽の内容を入力してはいけないということです。たとえば、サッカーの配信なのに人気だからという理由で「大谷翔平」というタグを入れると、規約違反になります。また、少しでも検索にヒットさせたいと、多数の配信タグを付けているＶＴｕｂｅｒがいますが、**ＹｏｕＴｕｂｅ公式が「付けすぎは逆効果になる」と指摘したことがあります。タグは10～15個程度にするのがよいでしょう。**

サムネイルのクリック率

サムネイルのクオリティで変動するクリック率については、一概に目標値などを語ることができません。インプレッションの数と密接に関わっているからです。ついクリック率だけにこだわってしまいがちなのですが、たとえば、次の二つはどちらがよいことだと思いますか？　「①インプレッションが少ないけどクリック率は高い」「②インプレッションは多いけどクリック率は低い」。①は、ＹｏｕＴｕｂｅがあなたの配信をあんまりおすすめしてくれていない、ということです。したがって、クリック率がよくても成長が見込めません。すでにあなたのチャンネルを登録している方だけに、サムネイルが表示されている可能性が高いです。あなたのファンは、あなたのサムネイルをクリックするのが当然なので、クリック率が高くなっているだけです。②は、ＹｏｕＴｕｂｅがあなたの配信を伸ばそうとしてくれている状況です。チャンネルを成長させたいなら、こちらのほうがよいでしょう。ただし、あなたのことを知らない人にたくさんサムネイルが表示されているわけですから、もちろんクリック率は低くなります。このような理由があり、状況が異なるチャンネルのクリック率の比較は、あまり意味がありません。ですが、自分のチャンネルの推移を確認するのはよいことです。**月単位程度で、クリック率がどう推移しているかを見ることで、サムネイルのクオリティが計れます。**あえて数値で言うとすれば、配信のクリック率1％は一般的に低いと言えます。2％程度あると、状況次第ですがそこまで悪くないと考えてもよさそうです。ただし、動画と配信のクリック率はわけて考えましょう。一般的に、配信よりも動画のクリック率のほうが高くなる傾向にあります。

配信から離脱する人の数

配信中、同接を増やしていくにあたってコントロールしやすいのがこの項目です。続きが見たくなる配信は、同接が伸びます。その顕著な例が、ソシャゲのガチャ配信です。ガチャは多くの人が興味を持ちやすく、わかりやすい内容で、回し終わるまで試聴される方が多いです。したがって、ガチャを回し続ける限りは同接が増え、終わると一気に同接が減ります。**「結末を見るまでは離脱できないくらい面白い」と思わせることに成功すれば、離脱する人が減り、同接は増えます。**逆に、「退屈だ」と思われると、どんどん離脱する人が増えていきます。企画内容で攻めるもよし、トーク力を磨くもよしですが、リスナーの興味をいかに継続的に引き続けるかがポイントです。仮に一人も配信から離脱者が出ないくらい面白い配信ができれば、理論的には同接は増えていく一方になります。

配信を伸ばしていくためには、これらのような観点を意識してみてください。そして同接と合わせて、チャンネル登録者を伸ばすことも意識しなければなりません。みなさんは、チャンネル登録してもらうメリットを具体的に考えたことがありますか。チャンネル登録をしてもらうと、登録者のＹｏｕＴｕｂｅのおすすめ動画の上位に、サムネイルが表示されやすくなります。ユーザーが配信に気づきやすくなるのが、最大のメリットです。「チャンネル登録しなくてもサムネが表示されるからそれでいい」といって登録してくれない方がいらっしゃいますが、より確実性を高めるためにも、登録はしてもらいましょう。**ＹｏｕＴｕｂｅの再生数のうち、全体の6〜8割程度はおすすめからの流入なので、このメリットは軽視できません。チャンネル登録をする習慣がないリスナーもいるので、配信中には繰り返し登録してくれるようお願いしましょう。**その際、コメントをしてくれたリスナーの名前を呼んでダイレクトに営業をかけるととても効力が高くなります。「みんな登録してね」と「Aさん登録してね！」だと、後者のほうが強く作用します。コメント欄で初見リスナーを見つけたら、積極的に呼びかけましょう。

その他、リスナーがファンになり配信に常駐してくれるようになる理由の一つとして、コミュニティへ参加している感覚があります。一体感や連帯感に近い感覚です。人は居心地のいいコミュニティを求めます。それは会社だったり、部活だったり、趣味の集まりだったりします。同様に、自分のチャンネルをコミュニティとして活用できると、離脱者が減ります。「ステージに立っているＶＴｕｂｅｒを、観客席にいるリスナーが見ているだけ」という関係性ではなく、みんなで一緒に遊んでいるような雰囲気作りを目指しましょう。ＶＴｕｂｅｒが、リスナーにコメントをたくさん求める理由もここにあります。リスナーが配信を見ているだけだと、ただ観客席にいる人になってしまうのですが、**コメントしてもらうことで、ＶＴｕｂｅｒと同じコミュニティの仲間という感覚になってもらえます。**また、リスナー同士が仲よくなっていくと、仲間の存在が配信を見にいく動機になります。サッカー自体も好きだし、友達も好き、だからサッカーサークルに行くという心境と同じです。多くのＶＴｕｂｅｒは、コントロールの難しさからリスナー同士のやりとりを禁じていますが、上手くコントロールできるなら、許可してもよいでしょう。

最後に、配信のＰＤＣＡを回す上で、追いかけるべきポイントについて紹介します。

①再生数

トータルの影響力の強さを確認します。

②最高同接

配信のクオリティと、ベースのファンの人数を確認します。

③平均視聴時間

すぐに離脱される配信内容になっていないかを確認します。

④サムネイルのクリック率

サムネイルの品質を確認します。

⑤インプレッション数

どれくらいYouTubeにおすすめしてもらえているかを確認します。

⑥リスナーがあなたのライブ配信を見つけた方法

「ブラウジング機能」と「関連動画」の比率をチェックすることで、YouTubeのおすすめ度合を確認します。※一般的に二つの合計が70%を超えていれば合格点です。

⑦再生回数におけるチャンネル未登録者の割合

新規のリスナーが配信にたどりついているかを確認します。

⑧各配信で何人チャンネル登録が増えたか

チャンネル登録をちゃんと訴求できているかを確認します。

以上のような項目を日常的に注視することで、配信やチャンネルの品質の推移を確認し、改善に繋げていくことができます。ただし、**ほかのチャンネルとの比較で一喜一憂する必要はありませんので、自分のチャンネル内で数字を追いかけるようにしましょう。**

まとめ

❶成長途中のＶＴｕｂｅｒにとっては、コメント欄でやり取りができるという部分が、配信の大きなメリットになる
❷タグ付けは10～15個程度にするのがよい
❸クリック率の推移で、サムネイルのクオリティが計れる
❹「結末を見るまでは離脱できないくらい面白い」と思わせることに成功すれば、離脱する人が減り同接が増える
❺コメントしてもらうことで、ＶＴｕｂｅｒとリスナーが同じコミュニティの仲間という感覚になってもらいたい
❻ほかのチャンネルと比較せず、自分のチャンネルの推移を追いかけるようにしよう

4章 5節 動画での戦い方

前節では、YouTubeにおける配信の戦い方を説明しました、本節では、動画を主体とした戦略について解説します。基本的には、コンテンツ系のVTuberは、動画を主体として活動することが多い傾向にあります。配信だと比率の高いゲーム実況などは、動画ではほとんど見られません。YouTubeが本格的に流行りはじめる前、ニコニコ動画で最終兵器俺達のキヨさんや、ガッチマンさん、牛沢さんなどが牽引してきたゲーム実況は、すべて動画でした。そして、現在でも彼らは動画を主体にしてYouTubeで戦っています。ですが、VTuberの中にその文化はほとんどありません。ゲーム実況動画では、VTuberであるメリットがあまり活かせないからではないか、と私は考えています。ただもちろん、前例がないというだけなので、自分の強みが出せるのであればゲーム系の動画にトライしてみるのもよいと思います。

さて、**動画の成長戦略は、配信に比べてシンプルです。「サムネイルのクオリティを高めてクリックしてもらう」「なるべく長時間の視聴に耐えられる品質の動画を作る」「次の動画が見たくなるようなブランディングをする」。この3点がほぼすべてです。**それぞれ解説していきます。

①サムネイルのクオリティを高めてクリックしてもらう

配信でももちろんサムネイルのクオリティは重要なのですが、動画ではそれ以上に重要度が高くなります。たとえば、「雑談」とだけ書かれているサムネイルを想像してみてください。配信であれば、その情報でも「リアルタイムのコミュニケーションが楽しめる」というメリットがありますが、同じことを動画でするとどうでしょうか。何の内容を話してくれるかもわからないし、リスナーにとって配信者とコミュニケーションが取れない雑談の動画は、あまり魅力的に見えません。そこで、「クリックすると、見るだけで楽しめる動画がありますよ」ということをアピールする必要があります。そのサムネイルを作るためには、まず動画の内容がリスナーの興味を引くものでなくてはなりません。どんなにいい動画も、まずは見られないとその魅力が伝わりません。**動画の企画を作る際は、同時に「この企画ならどういうサムネイルが作れるか？」という点も考えましょう。**クリックされるサムネイルのイメージを先に考えて、そこから発展させて内容を検討していく方法も効果的です。それくらい、「動画勢」にとってサムネイルのクオリティは重要です。内容がどうあれ、それをサムネイルのデザインでいい動画だと思わせることもできるのですが、内容がよいに越したことはありませんので、リスナーが見たくなる動画とはなにかという点はしっかり考えてみましょう。

②なるべく長時間の視聴に耐える品質の動画にする

YouTubeがKPIの中で一番重要視している項目は、「総再生時間」です。それを高めるためには、なるべく視聴維持率が高い動画を作る必要があります。たとえば、総集編と書かれた動画をYouTubeで見かけたことはありませんか？　それまでに投稿していた動画を何本かつなげて、1本の時間をとても長くした動画です。多くのチャンネルでは、各単品の動画よりも、総集編のほうが再生数が多かったりします。これは、時間が長い動画は総再生時間を確保しやすく、YouTubeにおすすめされやすいために起こる現象です。

こういう話をすると「じゃあ動画はなるべく長い尺のほうがいいのか？」というご質問をいただくのですが、無理に内容を引き伸ばすのは逆効果です。薄っぺらい内容になってしまうと、途中で離脱されてしまうからです。**テーマや自分の知識、トーク力に応じた適切な尺がありますので、一番その動画が面白くなる時間で作るようにしましょう。**時間の自由度は、TV番組と比べてYouTubeのほうが柔軟性が高いです。「30分の番組で、15秒のCMが合計16回流れるから、残り26分で全体をまとめないといけない」などの制約がないからです。時間の柔軟性が高いYouTubeは、適切なコンテンツの密度を保ちやすいと思います。

ちなみに、YouTubeでは動画を三つの区分に分類しています。1分以内のショート、1~8分のミドル、8分以上のロングです。8分以上になると、動画の途中に広告を挟めるようになります。この3つは、チャンネル内では別ジャンルとして取り扱われているので、ミドルがとても伸びているチャンネルでも、たまにショート尺で出すと伸びなかったりするのは、これが原因の可能性があります。

③次の動画が見たくなるようなブランディングをする

サムネイルをクリックしてもらい、動画を長時間見てくれても、それだけでチャンネルが登録されるわけではありません。「なんで登録してくれないの？」と思われるかもしれませんが、これまでのご自身の行動を振り返ってみてください。なんとなくYouTubeを見て、なんとなく動画をクリックして、数分くらい動画を見ることってありますよね。その際、すべてのチャンネルを登録されますか？　ほとんどの方はしていないはずです。チャンネル登録していただくには、コンテンツ単品の面白さももちろん大切なのですが、「今後もこのチャンネルの動画を見たい」と思わせなくてはなりません。ここまでに何度も書いてきたとおり、**そのためにチャンネル全体のブランディングが不可欠なのです。**たまたまクリックした野球動画は気に入ってもらえても、そのチャンネルが普段投稿している動画がほとんどサッカーのものだったら、チャンネル登録はされないでしょう。こういう事態を避けるため、一つのチャンネルの内容は、同じジャンルの動画で統一する必要があるのです。自分のチャンネルのターゲットに、「このチャンネルは、あなたが求めてるコンテンツを今後も投稿します」とわかってもらえるような、チャンネルの設計を心がけていきましょう。

また、①～③以外の内容でも、**時事性やトレンドを追いかけることも、「動画勢」は意識しないといけません。**一番最初に投稿すると、YouTube内では一瞬だけその検索トラフィックが全部自分に向く瞬間が創出できます。たとえば、ニンテンドーダイレクトで新規IPの発表があったとします。その発表の1分後に関連した動画を出せたとしたら、かなりの伸びを獲得できるでしょう。実際は同じことを考える人がたくさんいるのでもう少し渋くはなるのですが、初期伸びした動画は、その後も伸びやすくなります。こういう考え方で、トレンドの最先端をしっかり押さえておくのは、とても大切です。このような現象を理解しているので、大手のYouTuberは、「今緊急で動画を回しています」と言って、品質よりスピード重視で動画を投稿したりするわけです。こういう戦略を取りたい方は、いかに人より先んじて動画を投稿できるかを意識するようにしてみましょう。

その考え方を応用した事例を考えてみましょう。「ファイナルファンタジー17」の発売日についてスクウェア・エニックスから情報解禁される前の段階で、「ファイナルファンタジー17はいつ発売なのか?」という、過去の事例や直近の動向をもとに予想するような動画を出したりすると、実際に発表があった時に一人勝ちできたりします。

また、動画は資産とも言われます。価値のある動画は、永続的にインプレッションを生み出し、あなたのチャンネルに長期間にわたって新規リスナーを連れてきてくれます。たとえば「今週のニュース」という動画の賞味期限は短く、すぐに再生されなくなってしまいます。しかし、「本能寺の変の謎　完全解説」という動画は、永遠に再生されます。**時間経過によって価値が減らず、恒常的にニーズのある動画だからです。こういう動画をたくさん作っておくことは、制作の負担があっても、あなたのチャンネルに大きな利益をも**

たらすでしょう。

まとめ

❶動画の成長戦略は、「サムネイルのクオリティを高める」「なるべく長時間の視聴に耐えられる品質にする」「次の動画が見たくなるようなブランディングをする」3点がほぼすべて

❷動画の企画を考える際は、同時に「どういうサムネイルが作れるか？」という点も考えよう

❸動画は内容に応じた適切な尺があるので、一番その動画が面白くなる時間で作るようにしよう

❹次の動画を見てもらうため、チャンネル全体のブランディングが不可欠

❺「動画勢」は時事性やトレンドを追いかけることが重要だが、時間経過によって価値が減らない動画も大事

4章 6節

Shortsの活用

ＶＴｕｂｅｒに限らず、**ここ1〜2年のＹｏｕＴｕｂｅで、一気に数十万人とチャンネル登録者を伸ばしたチャンネルは、ほぼ例外なくＹｏｕＴｕｂｅ Ｓｈｏｒｔｓを活用しています。**まだＹｏｕＴｕｂｅでの活動をされていない方のために概要をご説明しておきますと、ＹｏｕＴｕｂｅ Ｓｈｏｒｔｓとは、スマホで視聴することを前提にした、縦長の画角で3分以内の動画を指します。ＹｏｕＴｕｂｅ上では、横長動画とは別ジャンルの動画として取り扱われており、「Ｓｈｏｒｔｓフィード」というものが存在します。一般的な横長の動画が、自分でサムネイルを選択しないと見られないのに対して、スマホ画面をスワイプするだけで自動的に次のおすすめＳｈｏｒｔｓ動画が表示されます。3分以内と短尺であることと、この「Ｓｈｏｒｔｓフィード」というおすすめシステムの存在により、既存の動画より圧倒的に新規のお客さんを呼び込めるようになっています。チャンネル登録していない人にも積極的に表示されるので、チャンネル登録者を獲得するのにとても都合がよいのです。動画の尺が短いと、自分で作るにしても、外注するにしても、必要なリソースが少なくてすむのもメリットの一つです。

ただし、Ｓｈｏｒｔｓを見たリスナーが動画を見ることはあっても、配信にまで来てくれることは少ないです。したがって、**「配信勢」のＳｈｏｒｔｓが大きく伸びても、同接や配信の再生数にはつながらないこともあります。**

Ｓｈｏｒｔｓが動画や配信と違うのは、普遍性が求められることです。ここまで幾度にもわたって、ブランディングの重要性についてお話をしてきました。たとえば、通常の動画や配信の内容がサッカーなら、野球やラグビーのコンテンツを混ぜるのは避けるべきなのですが、ＳｈｏｒｔｓはＳｈｏｒｔｓで少しだけ傾向が違います。サッカーのＳｈｏｒｔｓで数千から数万再生くらいの再生数を取ることはできると思いますが、数百万から1千万再生を超えるような大バズは難しいです。Ｓｈｏｒｔｓでは、普遍的であることがとても大事で、もう少しわかりやすい言い方をすると、「どんな人が見ても楽しめる必要がある」のです。

Ｓｈｏｒｔｓは、普段の自分のチャンネルのターゲット以外にも届く特性を持っているので、さまざまな性別、年齢の人が反応できる内容にすべきです。そんな中、サッカーの動画だと、普段からサッカー動画を見ている方以外にはすぐスキップされてしまうことでしょう。たとえば、大自然の美しさであったり、かわいい猫の動画であったり、ドッキリの動画であったり、どんな層にも刺さる内容のほうが強いです。サッカーをメインに配信しているＶＴｕｂｅｒがサッカーのＳｈｏｒｔｓを出すのはとてもいいことなのですが、できる限り普遍的な内容にできるように、意識しておくとよいでしょう。

内容については、少しでも間延びしたところがあるとスキップされてしまいます。たとえば、ゲーム実況の切り抜きで冒頭数秒間が無言のＳｈｏｒｔｓがあったりしますが、絶対にやめましょう。Ｓｈｏｒｔｓを見ている人は、スピーディーで濃度の高いコンテンツを求めているので、じっくり見てはくれません。そのため冒頭が2～3秒無言であれば、その時点でスキップされてしまいます。情報を詰め込み、3分以内に起承転結をつけられるように動画を構成してみてください。

あなたが**チャンネル登録者数を大きく伸ばしたい場合、Shortsの制作はほぼ必須**です。当然ですが投稿頻度も重要で、一部の成功しているチャンネルでは、1日に複数本投稿するのを継続されていたりします。そこまでは難しかったとしても、なるべく多く投稿すれば、それだけチャンスは広がります。できる限りチャレンジしてみましょう。

逆に、チャンネルの登録者数自体にはあまり興味はなく、**同接やコアリスナーの確保を目的としている場合は、Shortsではなく、配信や動画のほうに力を入れたほうがよいかもしれません。**ご自身の目標に合わせて、活用の有無を決めるとよいでしょう。

まとめ

❶ここ1~2年のYouTubeで、一気に数十万人とチャンネル登録者数を伸ばしたチャンネルは、ほぼ例外なくYouTube Shortsを活用している

❷「配信勢」のShortsが大きく伸びても、同接や配信の再生数にはつながらないこともある

❸同接やコアリスナーの確保を目的としている場合は、Shortsではなく、配信や動画のほうに力を入れたほうがいいかも

4章 7節

SNSでの集客

SNSでの集客方法についても考えてみましょう。VTuberが活用されているSNSと言えば、X、Instagram、Tiktokなどでしょう。珍しいところではLINEを活用されている方もいらっしゃいます。SNSからの集客をチャンネル成長のメイン戦略に据えられているVTuberもいるのですが、その方がどの媒体をメインにしているかは、登録者数の差を見ることで判断できます。

たとえば、YouTubeのチャンネル登録者数が10万人、Xのフォロワーが1万人だとします。このVTuberは、おもにYouTubeで新規リスナーを獲得しており、そこから興味をもった一部の人がXをフォローしにいったと判断できます。逆のパターンもあり、Xのフォロワーが10万人でYouTubeのチャンネル登録が1万人だとすれば、Xでの活動が活発で、Xで新規ユーザーにリーチできており、そこで興味をもった一部の方がYouTubeに流れ着いているようなアカウントだと推察できます。

YouTubeで認知を獲得するにはYouTubeの戦い方が、Xで認知を獲得するにはXの戦い方がありますので、どのプラットフォームで重点的に戦うかで、このような差が出てきます。ただ、両方が同じくらいの人数になるという事例はあまり多くなく、ほとんどの場合は傾斜が発生します。というのも、プラットフォームをまたがせるというのは本当に大変なことだからです。普段Xばかり見ている人の中には、YouTubeを見に行かない方もいますし、逆もまたしかりです。

たとえばみなさんは現在、YouTubeのチャンネルはいくつくらい登録していますか？　そしてその中で、Xのアカウントを登録しているチャンネルはいくつありますか？　私は400チャンネルくらい登録しており、その中でXも登録しているのは10〜20チャンネルくらいだと思います。おそらく、皆さんも同じくらいの比率だと思います。これくらい別のプラットフォームの登録を促すのは難しいのです。

ＶＴｕｂｅｒが別プラットフォームを上手く活用している例だと、ＴｉｋＴｏｋが一時期話題になりました。ＴｉｋＴｏｋで大量に認知を獲得し、そこからＹｏｕＴｕｂｅに流入してもらう戦略が、一時期数多く見られました。ＴｉｋＴｏｋのリスナーは、普段ＹｏｕＴｕｂｅの動画を見ない人が多く、新規のリスナーにリーチしやすいからです。

既に引退したＶＴｕｂｅｒなので名前は伏せますが、一時期ＴｉｋＴｏｋでのフォロワーが30万人を超えていた方がいました。そして、その方のＹｏｕＴｕｂｅのチャンネル登録者は当時3万人程度でした。仮にその登録者数の半分をＹｏｕＴｕｂｅで直接獲得していたとすると、ＴｉｋＴｏｋからＹｏｕＴｕｂｅに来ていたのは30万人の5％程度ということになります。

このように、**別プラットフォームで大きく認識を高めたりファンを増やしても、ＹｏｕＴｕｂｅに誘導できる可能性はそれほど高くありません。ＹｏｕＴｕｂｅで成長したいなら、最初からＹｏｕＴｕｂｅ活動に力を入れるほうが効率がよいです。**逆にあなたがもしＴｉｋＴｏｋのクリエイターとして成長したいなら、ＴｉｋＴｏｋをメインにするほうがコスパはいいでしょう。

また、コンテンツの向き不向きや、プラットフォームごとの傾向もあります。ＹｏｕＴｕｂｅやニコニコ動画、ＴｉｋＴｏｋなど、プラットフォームごとにウケやすい内容は違います。あなたがもし普段からＴｉｋＴｏｋに慣れ親しんでいて、情勢に詳しく、そちらのほうで伸びそうな感触があれば、思い切ってそちらをメインに活動してみてもよいかもしれません。

まとめ

❶別プラットフォームで大きく認識を高めたりファンを増やしても、ＹｏｕＴｕｂｅに誘導できる可能性はそれほど高くない。ＹｏｕＴｕｂｅで成長したいなら、最初からＹｏｕＴｕｂｅ活動に力を入れたほうがよいのかも

4章 8節

アナリティクスの活用方法

ここでは、チャンネルの成長に悩んだとき、どのようにYouTubeアナリティクスを活用すべきかを説明します。「なんかよくわからないけど登録者が増えない」というVTuberは、**「チャンネル未登録者が来ていない」「その方々がチャンネル登録をしてくれない」という2点をごちゃまぜにして考えてしまっている人が多いように思います。分析をする際には、それぞれの要素をできる限り分解し、細かく項目ごとに見ていくのが基本です。**

図1「詳細」のボタンをクリックして「再生回数」をチェック

まずは、それぞれのコンテンツで、チャンネル登録していない人がどれくらい来場されているかを確認してみましょう。ただし、配信終了後24～48時間くらい経過しないと、正しい値が入ってないことがありますので、分析する際は数日前のアーカイブでチェックすることをおすすめします。

まずは「チャンネル登録をしていない人」、つまり見込み客はどれくらい自分の配信に来ているのかを確認しましょう。視聴者タブの「チャンネル登録者の総再生時間」のところでざっと確認できますが、これだと「再生時間ベース」の比率になっていますので、「再生回数ベース」で見るために、詳細のボタンを押します（**図1参照**）。すると、**図2**のような表が確認できます。**図2**の例だと、未登録者の視聴回数は１４０２回となっ

チャンネル登録状況	視聴回数	平均視聴時間	平均再生率（%）	総再生時間（単位：時間）
合計	4,302	19:07	9.2%	1,370.7
チャンネル登録済み	2,900 67.4%	22:18	10.8%	1,078.4 78.7%
未登録	1,402 32.6%	12:30	6.1%	292.4 21.3%

図2
「視聴回数」が、本書における「再生回数」であり、この場合は1402回

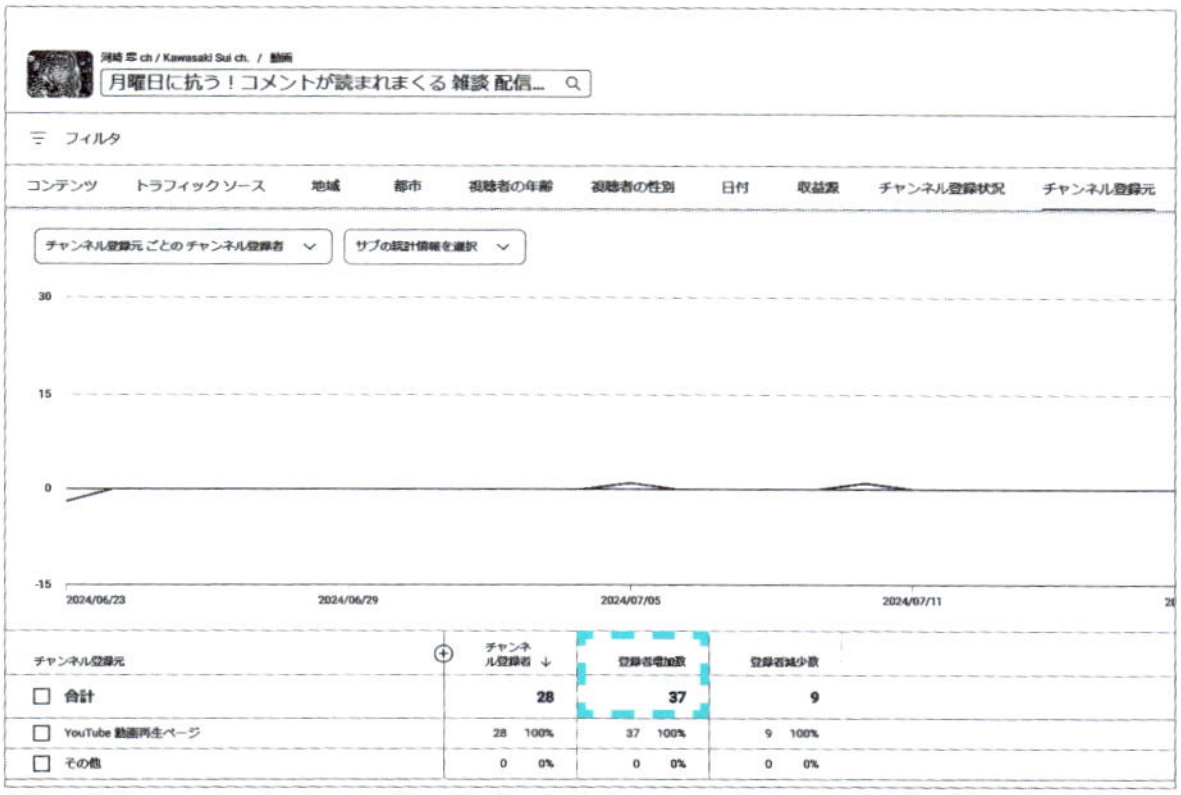

図3
「登録者増加数」の項目のみ確認すればOK。この場合は37人

ており、この配信では1402人にチャンネル登録をしてもらえる可能性があった、ということがわかります（実際は同じ人が2回見ている可能性もあるので、やや少ないです）。

合わせて配信で実際に獲得できたチャンネル登録者数を考えることで、チャンネル登録率が見えてきます。仮に図2の配信で14人チャンネル登録者を獲得できているとしたら、14÷1402＝約1％の人がチャンネル登録をしてくれたことになります。このスコアを配信ごとに追いかけていくことで、ちゃんと新規リスナーにチャンネル登録を訴求できているかが確認できます。スコアが低下している場合は、登録を促す声かけが不足していたり、ブランディングがズレていたりしないかなど、要因を探っていくとよいでしょう。ただし、1日だけ悪かったというような短期的なスコアは、ブレが多くて参考になりづらいので、長期間チェックして傾向を確認するようにしましょう。

注意点としては、チャンネル登録者数の表記は増減の合計となっているため、増えているほうだけを見るとよ

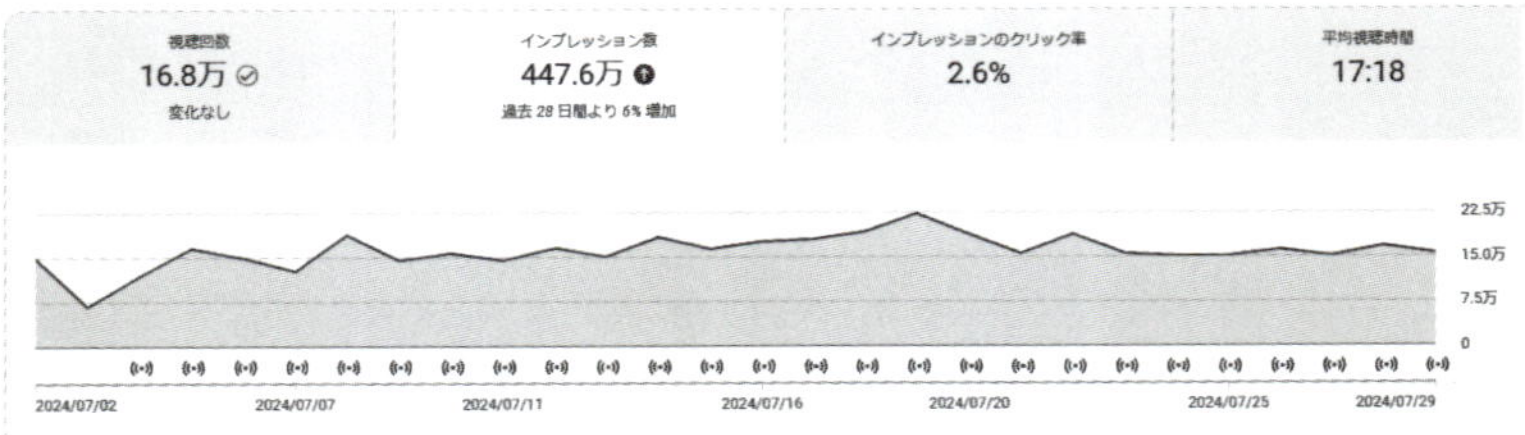

図 4　インプレッション数の多い動画をベースに今後の戦略を立てていく

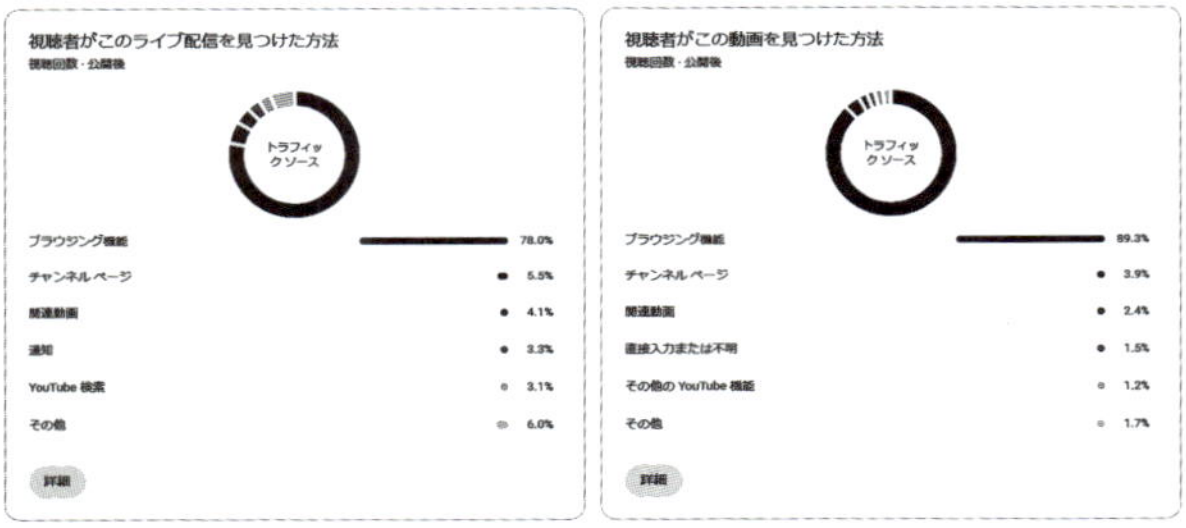

図 5
「視聴者がこの動画を見つけた方法」も参考になる

いでしょう。減少については、たまたまその配信で登録が解除されただけと見てよく、配信や動画単体の評価をするのは不適当です。**図3**の場合、登録増の37人だけを見ればOKです。

また、YouTubeが自分のチャンネルやコンテンツをおすすめしてくれているかを見るために、インプレッション数と関連動画率は見ておくべきです（**図4**）。**インプレッション数の多さは、そのままYouTubeが自分のことをどれくらい推してくれてるかを意味しています。**インプレッションが多かった日は、自分をとくに推してくれていた日だと思ってよいです。これを見ることで、自分のどのコンテンツに引きがあったのかが確認できるので、インプレッションが多かった動画の方向性で、繰り返し投稿していくなど今後の戦略に役立てましょう。

他にもYouTubeのおすすめ度合いを見る方法として、「コンテンツを見つけた方法」の欄があります（**図5**）。「ブラウジング機能」は、YouTubeのTOP画面か

図6
「関連動画」の表示例

らの流入、「関連動画」は動画視聴時に出てくる他の動画のサムネイルからの流入です（図6）。

この二つはYouTubeにおすすめされたということを意味しており、重要な項目です。概ね、この2項目の合計が70%を超えていれば、一定のおすすめはされていると思ってよいでしょう。

こういう分析をするためには、できれば毎日の活動条件を揃えておくことが望ましいです。毎日投稿や毎日配信をしたり、配信時間がいつも決まっていたりすると、同条件下で比較できるので、アナリティクスが見やすくなります。**週によって2回配信や3回配信だったり、配信時間が朝、昼、夜とバラバラだと比較が難しく、有効な戦略が立てにくくなります。無理してまで揃える必要はないのですが、なるべく意識しておけるとよいでしょう。**

まとめ

❶「チャンネル未登録者がきているか」「その方々がチャンネル登録をしてくれるか」はわけて考える
❷インプレッション数の多さは、そのままＹｏｕＴｕｂｅが自分のことをどれくらい推してくれてるかを意味する
❸アナリティクスを有効に活用するために、配信日や配信時間はなるべく統一すると比較しやすい

4章 9節

YouTube広告の効果

私がチャンネル登録者数を増やす際に多用している、YouTube広告について紹介します。配信や動画視聴前に挿入されたり、再生中にサムネイルが表示されたりする広告のことです。本来YouTubeが動画をおすすめするときは、次のようなステップを辿ります。

①「自分のコンテンツやチャンネルを投稿する」
②「リスナーが長時間視聴したり高評価をしてくれる」
③「SEOの評価が高くなる」
④「YouTubeがおすすめしてくれる」

YouTubeにたくさんおすすめしてもらうには、まず自分のコンテンツやチャンネルのSEO評価を高める必要があるのですが、これをお金の力でショートカットできる仕組みがYouTube広告です。SEOの評価が高くなくても、支払ったお金の分だけおすすめしてくれます。

時期や設定次第ですが、日本国内に広告を打つ場合、2025年1月現在だとだいたい1回につき6〜7円程度かかります。これは再生された場合にのみ発生する費用なので、サムネイルは表示されたがクリックはされてない、という場合にはお金はかかりません。

こちらもVTuberの特性、ジャンルなどによって大きく変わってしまうので、あくまで参考程度としていただきたいのですが、日本国内でYouTube広告を使うと、チャンネル登録を1獲得するのに、だいたい300〜600円程度かかります。つまり6万円払えば、チャンネル登録者が100〜200人程度獲得できます。これをどう評価するかは、チャンネルの規模やVTuberさんそれぞれの考え方次第です。このコストをポジティブに評価し、価値があると判断すれば試してみるのもありだと思います。

よく、「広告を打って意味はありますか?」と聞かれるのですが、この問いに対する回答はとても難しいです。なぜなら、チャンネルの状況や狙っている効果次第で、かなり変わってくるからです。たとえば、あなたのチャンネルに動画が1本しかなく、その状況で広告を打ったとしましょう。その広告を見た人は、動画1本だけではチャンネルの判断ができず、チャンネル登録しない場合が多いかもしれません。逆に、あなたのチャンネルにサッカーの優良な動画がたくさんある状態で広告を打ったとしたら、サッカーファンのチャンネル登録が見込めますし、今後のリピート率も高そうです。

また、**広告を打つ動画のクオリティにも広告効果は左右されます。当たり前の話ですが、誰も興味を持ってくれないような面白くない動画だと、広告効果が期待できません。「チャンネルのブランディングがしっかりできている」「広告を打つ動画のクオリティが高い」「YouTubeチャンネルを作りこんでいる」と、この辺りの条件がクリアできているなら、大きな効果が期待できるでしょう。**では、この条件を満たせていなければ、まったく効果がないのかというと、そんなこともありません。たとえば、どんなにクオリティが低い状態で広告を打ったとしても、100万人が動画を視聴して1人もチャンネル登録してくれないということは考えにくいです。効率は悪くても、一定の確率でチャンネル登録はしてもらえます。自分にできる最大限の下準備を施した上で、実施してみるとよいでしょう。

ちなみに、YouTube広告には「インストリーム」と「インフィード」の二つの方式があります。インストリームは、動画開始前に挿入されるスキップ可能な広告で、インフィードは関連動画にサムネイルが表示される形式です。人によって最適な戦略は変わりますが、私はインフィードをおすすめしています。**インストリームは特性上、本来その広告を見たくなかったという人にも強制的に見せてしまうので、低評価がついたり、コメントが荒れやすくなってしまいます。一方、インフィードの場合は再生するために少なくとも自分の意思でサムネイルをクリックする必要があり、興味がある人だけに視聴してもらえます。低評価が必ずしも悪いというわけではないのですが、私の実体験としても、インフィードのほうが効果は出やすいと感じました。**インフィードの場合サムネイルをクリックされなければ広告費は発生しませんし、インストリームの場合も、30秒以上動画を視聴していない場合は広告費が発生しません。たとえば、20秒ほど広告を視聴してスキップされた場合は、その分の広告費はかからないのです（動画の長さが30秒以下の場合は、最後まで見た場合に広告費が発生します）。

効果を疑問視する人が多いYouTube広告ですが、確かにその指摘には一定の納得感があります。チャンネル登録が獲得できても、その後の再生数や同接に繋がらない場合も多いからです。たとえば、毎日深夜に配信するＶＴｕｂｅｒが広告を打って、日中にチャンネル登録をしてもらったとしましょう。その視聴者は日中にしか時間がなく、深夜にＹｏｕＴｕｂｅを見られない人かもしれません。この場合、同接や再生には繋がらないことが容易に想像できます。また、広告を見て興味があって登録をしても、その後動画の視聴に至らない人もいます。ただし、こちらも確率の話で、ＹｏｕＴｕｂｅ広告で1万人のチャンネル登録を獲得したとして、その全員がリピーターにならないということもありません。効率の悪さを許容して実施する分には、いい仕組みだと私は感じます。打ったら打ちっぱなしではなく、このような状況の中で、**いかに実数に繋げていくかが大切です。**

注意点としては、現在では個人で広告を打つと、広告主の個人情報が視聴者に見えるようになってしまいました。景品表示法の改正等により、広告主を明示するようになったのです。そのため、個人情報を見せたくない方が直接広告を打つ難易度は高まりました。どうしても個人情報を表示させたくない場合は、広告代理店や、広告代行サービスを利用するのがよいでしょう。

まとめ

❶SEOの評価が高くなくても、支払ったお金の分だけおすすめしてくれるのがYouTube広告

❷「ブランディングができている」「広告動画のクオリティが高い」「YouTubeチャンネルを作りこんでいる」。この辺りの条件がクリアできているなら、高い広告効果が期待できる

❸インストリームよりもインフィードのほうが興味がある人だけに視聴してもらえるメリットがある

❹YouTube広告は効率が悪かったとしても、まったく効果が出ないことはない

4章 10節

YouTubeのチャンネルトップページにこだわろう

YouTubeを攻略していく際、YouTubeのチャンネルトップページはとても重要です。何らかの動画がたまたま視聴者に見られて興味を持たれた場合、次にその視聴者が見るのがチャンネルトップです。その人は、「このVTuberは普段どんな動画を出しているんだろう?」「自分の見たいものはあるかな?」「今後も自分の見たい動画を提供してくれるかな?」という気持ちであなたのチャンネルを訪れます。そこで、あなたのチャンネルがいかに素晴らしいかを、チャンネルトップページで伝える必要があります。

YouTubeのヘッダーの画像で、イメージが伝わるような情報をしっかり表示し、その下の動画一覧であなたの動画の傾向を伝えましょう（**図1参照**）。YouTubeのチャンネルをあなたのお店だとすると、チャンネルトップページは、お店正面の陳列棚です。どうすれば、あなたのお店に興味を持ってもらえるか、という視点で考えましょう。

順番としては、自分の動画の中で自信があるもの、見やすいもの、あなたを象徴する動画などを上部に並べていきます。動画は一つだけ埋め込み形式で表示できるので、一番興味を引きやすいものを表示しておくのもよいでしょう。自己紹介動画や歌ってみたなどを表示されているVTuberが多いです。

よくある例として、過去の配信アーカイブを埋め込んでいる方がいます。これはあまりいい戦略ではありません。少しだけ興味があるチャンネルがあったとして、いきなり数時間の配信アーカイブを見るでしょうか? それよりは、数分程度の動画のほうが、気軽に見てみようという気持ちにさせられます。多くのVTuberを含む事業者が視聴者の可

図1
私のYouTubeチャンネルのトップ画面

処分時間を奪いあっていることを念頭に入れると、長時間にわたって視聴者の時間を拘束するのはとても難しいことです。まずは「気軽に見られそうだな」と思わせることが肝要です。チャンネルトップにはそういった短い動画と、とくに自信のあるコンテンツを表示しておくのがよいです。

動画の本数についても、できるだけ多いほうがいいです。仮に1行しかないチャンネルトップページだと、貧相で賑やかさに欠けるチャンネルに見えてしまいます。**「なんとなくこのチャンネルは凄そうだ！」と視聴者をワクワクさせるイメージ戦略は、トップページの作成に限らず、VTuberの活動すべてにおいてとても大切です。**ぜひ大量のコンテンツを配置して、チャンネルの賑やかさを演出してください。YouTubeの仕様の限界まで、チャンネルTOPにはコンテンツを並べましょう。

もちろん、上下の配置にもこだわってください。自信のある動画を上に、そうでないものは下のほうに配置しましょう。スクロールされずにブラウザバックされる可能性も十分にあるので、最初に見える動画を、一番引きの強い動画にしないといけません。

私がおすすめする手法としては、カテゴリ名を有効に使う方法です。

図2 最初に見てほしい動画は最上部へ

図3 再生リストのタイトルも工夫しよう

私の例で言うと、「とりあえず見てほしい！」というカテゴリを最上部に配置しています（図2）。こうしておけば、最初にこのページを訪れた人が、どこから見ればいいかを明確にアピールできます。また、カテゴリ名を「流し聞きに最適！」などとすることで、どういうシチュエーションで楽しめるのかをアピールできます（図3）。

このように、初見視聴者の気持ちを推察し、行動を促してあげることができれば、とても見やすいチャンネルになっていきます。

また、小技ですが、上部に配置した動画は継続的に伸びやすいです。当然ですが、チャンネルトップに来訪された人に繰り返しインプレッションされるため、継続的に再生されるからです。なので、数字を伸ばしたい動画を意図的に上部に配置する戦略もありです。たとえば、案件動画の再生数を伸ばしたい時に、一定期間上部に配置するようなケースが考えられます。

適切なチャンネルトップページの設計で、他の動画も再生してもらい、さらに興味を喚起させてチャンネル登録してもらう。それがチャンネルトップページの設計において必要な思考です。少しでも自分に興味を持ってもらえる確率が高まるように、デザインしていきましょう。

まとめ

❶YouTubeのヘッダーの画像で、イメージが伝わるような情報をしっかり表示し、その下の動画一覧であなたの動画の傾向を伝える

❷「なんとなくこのチャンネルはすごそうだ！」と、思わせることが大切

❸興味を喚起してチャンネル登録してもらうには、適切なチャンネルトップページの設計が必要

4章 11節

グループ・事務所の戦い方

本書の読者の中には、VTuberグループや事務所の運営に携わっている方もいらっしゃるかもしれません。ここでは個人VTuberとは異なる、グループや事務所ならではの戦略について触れたいと思います。

グループの運営で最も大きな強みは「本人のチャンネルSEO以外で認知を広げられる」ことです。通常、YouTubeチャンネルを成長させるためには、本人のチャンネルSEOを強化し、新規の客層へリーチすることが必要です。しかし、グループの場合は、それ以外の部分でも認知を獲得する手段がいくつかあります。言い換えると、本人以外の別ルートからの流入をいかに作れるかが、グループ運営の強みを活かすポイントとなります。

この話を聞いて、「グループ内コラボのことかな？」と思った人がいるかもしれません。確かにそれも一つの戦略です。**グループ内でコラボ配信を行うことにより、リスナーを共有することができます。ただ、コラボの頻度を上げすぎると、回を重ねるごとに効果は薄くなります。**極端な例ですが、VTuberのAさんとVTuberのBさんのリスナーが、全員両方のチャンネルを登録しているとしましょう。その状態でコラボをしても、どちらのチャンネルも新規チャンネル登録は増えません。それだけではなく、知らない人が2名でコラボしている配信は、完全初見の人には見づらいことも多く、新規リスナーの獲得の見込みも薄いです。特にコラボはコメント拾いが少なくなりがちなので、その点でも厳しくなりがちです。コラボのメリットは「お互いのリスナーを共有すること」であって、新規リスナーを獲得するのには向いていない手段です。そういう特性を理解し、同じＶＴｕｂｅｒ同士のコラボは、多くても月1回くらいにとどめておくのがよいでしょう。前回コラボしてから次のコラボまでに、お互いが新規のリスナーを獲得し、それを相互に共有するようなイメージです。

また、このコラボをグループ最大のメリットとして捉えている人が多いのですが、私は別の考えを持っています。**ＶＴｕｂｅｒグループや事務所の最大のメリットは、運営主導でバズを狙えることです。**一般的には事務所所属であっても、各ＶＴｕｂｅｒのチャンネルに投稿する動画は、ＶＴｕｂｅｒ個人の責任で作られる場合が多いようです。これは、事務所にやる気があっても、ＶＴｕｂｅｒのモチベーション次第で活動頻度が高められないことを意味しています。まさに今、事務所やグループを運営されているあなた。今まで自社のタレントに「○○したほうがいいよ」とアドバイスをしても、一向に対応してくれなかった経験がないでしょうか？　こういう状況に対し、事務所主導でタレントの成長を狙えるのが、事務所やグループ運営の最大のメリットです。

事務所やＶＴｕｂｅｒグループの公式チャンネルを作り、そこにオリジナルの動画を展開していくことで、タレントのチャンネルとはまったく別のＳＥＯで新規客の獲得ができます。たとえばＹｏｕＴｕｂｅのチャンネル登録者が１００万人いるオリジナルアニメーションチャンネルを想像してみてください。そのチャンネルの主人公がＶＴｕｂｅｒ化した場合、最初からいきなり同接が数百や数千に達することは、想像に難くないでしょう。

これは、必ずしもタレント本人のチャンネルだけで成長を狙わなくていいことを示しています。事務所やグループの公式チャンネルに人気があれば、かならずその内部のタレントにもファンがつきます。

このように、事務所が主導してタレントを成長させていく場合は、本人以外の事務所公式チャンネルなどで、その機会を創出していくのが効果的です。事例としては、あおぎり高校がこれまでに進めてきたＳｈｏｒｔｓ戦略がこれにあたります。公式のチャンネルで優良なＳｈｏｒｔｓ動画を展開し、そこでリーチできた新規層が、最終的にタレント自身にハマって個人チャンネルを見に行く。そんな導線ができていました。

このような戦い方ができれば、制作するコンテンツのクオリティや頻度を事務所がコントロールすることができるので、伸びのスピードがタレントのモチベーションに依存しません。よく事務所の運営者から、「どこかに投資するとしたら、何にお金をかけるのがよいですか？」と聞かれることがあるのですが、私はこのようなコンテンツの制作費にお金をかけるのがおすすめだと回答しています。もし、あなたの事務所のオリジナルコンテンツが人気を博した場合、今度はそのコンテンツに出演したい人が事務所に加入を希望されたりもするので、ますます事務所の体制を盤石にできる好循環が発生します。

ただ、制作の難易度はとても高いです。コンテンツ制作のノウハウがないと、なかなか最初からは成功しないかもしれません。ですが、試行錯誤しながらウケるコンテンツのノウハウを身に付けたり、アナリティクスを活用して戦略を実行していけば、事務所の運営に大きく役立つばかりか、所属タレントの相談に乗るときにも役に立ちます。タレントにアドバイスする際も、あなた自身が優れたコンテンツを生み出している場合、相手から信頼されやすいので、ぜひ事務所の強みを活かして、トライしてください。

まとめ

❶コラボ配信はリスナーを共有できるが、頻度を上げすぎると、回を重ねるごとに効果は薄くなる

❷VTuberグループや事務所の最大のメリットは、運営主導でバズを狙えること

❸事務所やVTuberグループの公式チャンネルを作り、そこにオリジナルの動画を展開していくことで、タレントのチャンネルとはまったく別のSEOで新規客の獲得ができる

case study 4

YouTubeの登録者1000人から1万人まで

デビュー4か月でチャンネル登録1000人を達成して以降、同様の方針で活動を続け、デビュー8か月で登録者2500人くらいまで到達することができました。毎日のように新しい戦略を考えたり、数字の伸びについて考察している動画を眺めている中で、YouTube広告を活用した人のお話を耳にしました。当時はまだVTuberがYouTube広告を使うということは一般的ではなく、少数の人だけが行っている施策でした。それゆえに、情報もほとんどなく、数人だけが広告を打った実績を動画で報告しているような状況でした。

それを見て私は、新しい戦略を思いつきました。当時、ほとんどのVTuberは、自分の通常動画などを広告にしていたのですが、「YouTube広告にカスタマイズした専用の動画を作ったらどうだろう?とりわけ完全に海外に向けた英語の広告動画を作ってみたらどうなるだろうか」と考えたのです。私の調べていた範囲では、当時（2020年頃）、海外向けに広告を打っていたVTuberはいませんでした。この施策が大当たりし、私はそこからチャンネル登録者を大きく獲得していくことになります。当時、1日3～5人程度を獲得するVTuberだったのが、海外広告を打つようになってからは、1日300～500人程度増加するようになり、ものの1～2か月で登録者1万人を達成することができました。この時の成功体験によって、私はYouTube広告でいかにチャンネル登録者を獲得するかを考えるようになりました。

現在では、YouTube広告でチャンネル登録者を獲得しても、同接にはほとんど影響がないのですが、当時は違いました。私の場合だと、それまで50～60人くらいだった同接が、広告の力によって一気に100～120人くらいまで増加しました。もちろん、私がメインでチャンネル登録を獲得していたのは海外だったので、コメント欄はほとんど日本語以外の言語で埋め尽くされることになります。その当時（2020年頃）の私の配信における海外リスナー比率は60%を超えており、コメントを捌くのはとても大変でした。というか、当時はコメントを捌けていなかったです。海外リスナーには、VTuberの配信を見るときのマナーがまだあまり浸透してなかったせいか、モラル不足のコメントなどが散見され、コメント欄はかなりカオスな状況でした。

この時の配信の雰囲気を嫌ってか、多くの国内既存リスナーが私から離れていったように思います。この状況について、当時のリスナーからはダイレクトに反対の言葉を目にすることもあり、かなり私のメンタルもかなり参っていました。そして、「ＶＴｕｂｅｒはコミュニティマネジメントもやらなければならない」「コメント欄の治安は視聴者の満足度に直結する」。この2点を学び、今でも教訓としています。

一気に海外リスナーを増やすことは危険だと悟った私は、広告のボリュームと、国内外のバランスを調整していくことにしました。海外リスナーを一気にとりすぎず、国内にも適度に広告を打っていくことで、治安を維持したまま規模を拡大していくことを意識しました。それが上手くいき、徐々に海外リスナーの比率は下がっていき、コメント欄の治安も回復していきました。

そんな経緯もあり、チャンネル登録者１０００人を達成してからあっという間に1万人を達成してしまった私は、次の目標を探すことになります。当時は、1万人なんて夢のまた夢。絶対に届かないと考えていたので、とても不思議な感覚でした。ただ、1万人を達成してしまうと、どうしても意識してしまうのがチャンネル登録者10万人に贈られるＹｏｕＴｕｂｅの銀盾です。当時の私はそこで決意を固め、登録者10万人を目指して、再始動することになります。

5章

マネタイズ

5章 1節

VTuberのマネタイズの基礎

ＶＴｕｂｅｒが専業化を目指すにあたり、収益をあげていく方法を考えることはとても大切です。ここでは、マネタイズについて解説します。**ＶＴｕｂｅｒの収益チャネルは、大きくわけて七つあります。**

①スーパーチャット（メンバーシップギフト含む）
②ＹｏｕＴｕｂｅのメンバーシップ
③広告収益
④ファンクラブからの収益（ＦＡＮＢＯＸ、Ｃｉ－ｅｎ、クリエイティアなど）
⑤企業案件
⑥グッズ収益
⑦その他

多くのＶＴｕｂｅｒは、収益をスパチャに依存したくないと考えています。毎月の収益が一定になりづらいのもありますが、リスナーさんに負担を強いることがストレスだったり、スパチャをおねだりするような発言をするのが心情的に難しかったりするからです。そこで、収益を安定させるためには、**ＹｏｕＴｕｂｅメンバーシップやファンクラブの活動がとても大切になってきます。**　**この二つは、短期間にそれほど大きく数値が変動することがないからです。**

新人ＶＴｕｂｅｒさんとお話をする際、将来の収益の設計をするときに、企業案件やグッズの収益をあてにされる人がいるのですが、これはかなり難しいです。**企業案件は、チャンネル規模が小さいと報酬が少ないことが多いですし、そもそも依頼件数も少ないです。ご依頼があったらラッキーくらいに思っておきましょう。**

ＡＮＹＣＯＬＯＲやカバーなど大手事務所の決算資料を見ていると、グッズで多くの収益を確保しているように見えますが、ＹｏｕＴｕｂｅの登録者数が少なく、規模の小さい「個人勢」のＶＴｕｂｅｒだと話は変わってきます。グッズは、基本的に大量に作ることで単価を下げ、粗利を確保するビジネスです。少数しか販売が見込めない場合、大きく収益をあげるのがとても難しくなっています。そのため、自分に課金してくれるファンの数が少ないうちは、グッズ収益はあてにしないほうがよいです。

実態としては、**できる限りファンクラブなどで固定の収益を得たいと思って活動しつつ、スパチャに頼らざるを得ない状況が発生しがちです。なので、スパチャを投げやすい環境を作るなどの工夫も、必要になってくるでしょう。**そのような状況であるため、高額な支援をしてくださる、いわゆる石油王の存在はとても大切になってきます。真偽のほどは定かではありませんが、とあるＶＴｕｂｅｒは、一人の石油王から年間１０００万円以上も支援してもらうことがあったようで、その影響力の高さが見てとれます。この話を聞いて「私も石油王がほしい！」と思ったとしても、ピンポイントでアプローチすることはできません。大量にファンを獲得し、いつか石油王が自分のところに来てくれるのを願うような立ち回りが必要かと思います。より多くのファンを獲得することで、石油王が自分のファンになってくれることを期待する。この程度の期待に留めましょう。

まとめ

❶ＶＴｕｂｅｒの収益チャネルは大きくわけて七つ
❷ＹｏｕＴｕｂｅメンバーシップやファンクラブは、短期間に収益が大きく変動することがない
❸企業案件は、ファンの数が少ないと収益も少ない。あてにするのは大きく成長してから
❹スパチャをいただきやすい環境を作っておくことも大切

5章 2節

YouTube収益

ＹｏｕＴｕｂｅから得られる収益は、①広告収益、②メンバーシップ、③スーパーチャットの三つがあります。これらの解説をしていきましょう。

まずは広告収益です。今はＳｈｏｒｔｓ動画でも広告収益は発生しているのですが、金額が著しく低いので、ここでは一般的な動画と配信のみに絞ります。チャンネルの視聴者層によって広告単価は違うのですが、１再生あたり０・３〜０・４円くらいが平均です。傾向としては、視聴者の年齢層が高ければ単価は上がっていきますし、年齢層が低いと単価は下がっていきます。ちなみに、「ＹｏｕＴｕｂｅ Ｐｒｅｍｉｕｍに入ってる人が視聴しても広告費は発生しないのか？」という質問をもらうことがありますが、この場合はＹｏｕＴｕｂｅ Ｐｒｅｍｉｕｍに入っている人が動画再生してくれたことへの報酬が発生します。これも、本項では広告単価の中に含めて考えます。

これを基に、広告収益はどれくらいもらえるのか試算してみましょう。同接１００人のＶＴｕｂｅｒが2時間配信した場合、ざっくりですが８００再生くらいは見込めます。週6回配信すると1か月で25回程度配信でき、総再生数は2万回となります。広告収益を０・3円とした場合、６０００円が月間の広告収益となります。同接１００人はそもそも高いハードルですし、週6ペースの配信も、かなり頑張っているほうだと言えるでしょう。それでもこの程度の報酬です。やはり**ＹｏｕＴｕｂｅのチャンネル登録者数が少ないうちは、広告収益はあまりあてにできません。**

続いてはメンバーシップについてです。数年前に、メンバーシップギフトという、メンバーシップを他の視聴者にプレゼントする機能が追加されたのですが、それについてはスパチャと同様の扱いとし、ここでは含めません。ファンが自分自身で、毎月お金を払って応援してくれる形式について述べます。メンバーシップの開設は任意なのですが、ＶＴｕｂｅｒの9割程度は開設しています。特典としてはそこまで凝ったことをせず、バッジとスタンプ、そして月数回程度のメンバーシップ限定配信を特典とされているケースが多い印象です。メンバーシップでも、ファンクラブと同じようなことができてしまうのですが、前述したとおり、ＶＴｕｂｅｒの収益はファンクラブがとても大切なので、メンバーシップでの活動を過度にやりすぎると、そちらと内容が似通ってしまいます。

費用については、月額で１００円程度から設定しているＶＴｕｂｅｒもいますが、私の所感としては値段を大きく変えない限り、価格差で加入者数は大きく変動しません。月１００円か２００円かという差よりも「サブスクに登録する」という心理的ハードルのほうが大きいからです。一般的には、３００円から５００円程度に設定しているケースが多いです。加入者数は、ＶＴｕｂｅｒのタイプやスタンス、訴求のボリュームによって大きく変わってくるところですが、仮にＹｏｕＴｕｂｅの登録者が1万人だとしたら、30人くらいが加入目安です。価格を５００円に設定している場合、1万５０００円になりますが、そこからＹｏｕＴｕｂｅの手数料を引くと手元に残るのは1万円程度になります。

メンバーシップのプランは何種類か作ることができますので、価格の高いプランを作れば収益は向上させられますが、値段の上昇に見合うサービスを提供できるかがポイントになってきます。ちなみに、YouTubeの一部海外地域では、機能的にスパチャが制限されているエリアがあります。そこにお住まいの海外のファンは、スパチャの代わりにメンバーシップの高額プランに加入してくれる場合があります。そういった事情をふまえて、特典内容は下位のプランとまったく同じでよいので、高額プランの選択肢を用意しておくとよいでしょう。

最後がスーパーチャットです。スパチャはメンバーシップ以上に変動が激しく、一概に語るのが難しい項目です。恋愛感情を抱かせやすいVTuberはスパチャの金額が多くなりがちですし、事件や歴史などを解説しているようなコンテンツ系のVTuberは少ない傾向にあります。「動画勢」には、スーパーサンクスという動画に投げ銭をする仕組みもありますが、スパチャは送った時の生の反応を見たいという方が多いため、「動画勢」はいただきづらいのだと思います。

近年では、登録者を増やすメソッドが普及したことにより、登録者が1万人を超えるVTuberも増えました。ただ、VTuberを支えるファンの総数はそれほど増えていませんので、VTuber1人当たりの視聴者の数は低下傾向にあります。このあとも状況は変わっていくと思いますが、概ね登録者が1万人程度のVTuberですと、月間のスーパーチャットは手取りで10~15万円程度の場合が多いと思います。

スパチャは、もらいやすい方と、もらいにくい方がいます。「投げやすい理由を作る」「投げやすいポイントを作る」ことが特に大切です。「誰かの役に立ちたい」という感情を持っているファンは一定数いますので、そういう方がスパチャを投げるハードルを引き下げてあげる必要があります。考えてみてほしいのですが、「今日ご飯おごってください！」と言われるより、「今日誕生日なのでおごってください！」と言われたほうがハードルが低くないでしょうか。これをＶＴｕｂｅｒに適用させてみましょう。たとえば、デビュー１周年記念や、登録者〇万人記念、生誕祭あたりは「投げやすい理由」になるはずです。日常の配信だと、ゲームをクリアした瞬間などは、スパチャの機会を演出しやすいですね。

また、いただいたお金の行き先を認識させてあげるのはとても大切なことで、例えばスパチャで３Ｄアバターや ＰＶを作ったとアピールすると、「自分の投げたお金で〇〇ができた」という気持ちを、リスナーさんが永続的に持ち続けられます。なお、直接的に「スパチャをしてほしい」とお願いすると、軽犯罪法に抵触する可能性があるので、注意しましょう。

本質的なところでは、**支援してくれることに感謝の気持ちを持ち続けることが大切です。**ＹｏｕＴｕｂｅの配信は、基本的に無料で見られるものであるにも関わらず、お金をいただくのがメンバーシップでありスパチャです。これらに、どれだけ感謝しているかはファンにもしっかり伝わるものです。額の大小に関わらず、感謝の気持ちは忘れずにしっかりとお礼をしたり、使途を定期的に報告するなど、応援の気持ちに応えるようにしましょう。

まとめ

❶ＹｏｕＴｕｂｅの登録者数が少ないうちは、広告収益はあまりあてにできない

❷スパチャは「投げやすい理由を作る」「投げやすいポイントを作る」のが大切。ファンが支援してくれることに感謝の気持ちを持ち続けよう

5章 3節
ファンクラブ運営（FANBOXなど）

ファンクラブは支払方法がサブスクリプションであり、収益の安定化にはとても大切です。プラットフォームとしては、「ＦＡＮＢＯＸ」「Ｃｉ－ｅｎ」「クリエイティア」などがあります。金額としては、多くのＶＴｕｂｅｒは日記だけが見られるミニマムなプランを月数百円程度に設定し、最大プランを１～３万円程度に設定しています。

当然ですが、１万円のプランは５００円のプランの20倍大切で、**この高額プランにどれだけ人を集められるかが、収益安定のために重要になってきます。**たとえば、１万円のプランの加入者を10人集めることができれば、１割の手数料を考慮しても月に９万円程度は安定的に入ってくることになり、グッと専業化が近づきます。

ＹｏｕＴｕｂｅを主戦場として戦っているＶＴｕｂｅｒは、ＹｏｕＴｕｂｅを見ている人にファンになってもらえる可能性が高いです。一方、そのファンをＹｏｕＴｕｂｅ以外のプラットフォームに誘導しづらい傾向も理解しておかなくてはなりません。ＹｏｕＴｕｂｅでメンバーシップに加入するためにクレジットカードを登録していても、そこからまた別のプラットフォームで新たにカードの登録をしてもらうのは、ハードルがとても高いです。そのため、そのハードルを突破させられるくらい自分のことを好きになっていただいたり、魅力的なリターンを用意してあげる必要があります。

日記だけが見られるプランをイメージしてください。月１回しか更新されていないと、なかなか手が伸びづらいでしょう。一方、月に10回も20回も更新していれば、内容にもよりますが、比較的加入してもらいやすいはずです。VTuberとしては、メイン以外のプラットフォームで継続的にコンテンツを投稿するのは手間がかかるところではありますが、収入に直結するので、優先度は高いです。ファンの総数が少ないうちは、運営の工数に対して収益が見合わなくなりがちなのですが、継続的に更新を続けている実績を積んでおくことで、ファンが増えたときにファンクラブの魅力を訴求しやすいです。

また、ファンクラブの高額プランのリターンとしては、通話権が最もポピュラーです。月1回10〜15分程度ボイスチャットができるようなものです。普段、YouTubeのチャット欄でしかVTuberとコミュニケーションがとれないファンにとっては、直接通話ができるのは、魅力度が極めて高いコンテンツです。ただの通話以外にも、一緒にゲームをする権利などをリターンにしている場合もあります。APEXを普段されている方なら、1時間APEXを一緒にプレイする、といったような感じです。

ただ、どんなにいいリターンを用意しても、ファンに存在を知っていただかなければ意味がありません。**YouTubeの動画概要欄に申込URLが書いてあるだけでは、加入はなかなか増えていかないので、ファンクラブの存在をさまざまな場面で積極的にアピールしていくようにしましょう。**

有料のサービスを何度も伝えることに抵抗がある人は、たとえば配信の待機画面で告知をしたり、エンディングムービーで伝えたり、配信画面の中で見せるという選択肢もあります。自分自身で毎回言わなくても、告知ができるような体制を整えてみましょう。

それ以外の内容だと、以下のような特典を設定している場合があります。「実写の写真ありの日記」「ファン交流用のディスコードサーバーへの招待」「イラストの公開」「グッズの先行販売権」「撮り下ろしボイスの提供」「お手紙のお渡し（デジタルの場合も実物の場合もアリ）」「個別撮影デジタルチェキ」など。このような内容から、自分のキャラクターに合ったものを選択し、段階を付けてプランをいくつか用意しましょう。

ファンクラブは、たとえばＹｏｕＴｕｂｅがＢＡＮされてしまった場合でも、あなたに収入をもたらし続けます。専業になるための収入の補助という意味でも、何かが起きたときのバックアップという意味でも、運営する意義は大きいので、早めから検討しておくとよいでしょう。

まとめ

❶ファンクラブは、高額プランにどれだけ人を集められるかが、収益の安定化には重要

❷YouTubeの動画概要欄に申込URLが書いてあるだけでは加入はなかなか増えていかないので、ファンクラブの存在を配信などさまざまな場面で積極的にアピールしよう

5章 4節

案件収益

企業案件の収益に期待されるVTuberは多いです。私のところに相談に来られる方々も、収益手段の一つとして企業案件を挙げられる方がたくさんいらっしゃいます。確かに、一般的にYouTuberは、案件で収益を高めているイメージがありますよね。

そもそも企業案件とは、クライアント企業からいただく有償のお仕事全般を指します。たとえば、新作ゲームの紹介をはじめとした商品紹介、サービスの紹介あたりがイメージしやすく、それ以外だとコラボグッズの販売であったり、イベントへのキャスティングなどが該当します。

たとえば私がチョコレート好きだとしましょう。そしてチョコレートのメーカーから「新製品を紹介してほしい」と依頼がきます。新製品のチョコレートを配信で紹介し、報酬をいただく。なんとも最高な話ですよね。もしくは、自分も大好きなゲームのシリーズ最新作が出ることになり、**大手ゲームメーカーから依頼をいただき、配信で先行プレイをしつつ報酬までいただける。とても楽しそうですよね。もちろん世の中そんなにうまい話はなかなかありません。こういう美味しい案件は、一部の人気VTuberに集中します。**

企業案件の本質は、タレント（YouTuberやVTuber）とファンの関係値をお金に変換する行為です。ファンはタレントを信頼しているから、紹介するグッズを買ったり、タレントを応援するつもりで各メーカーの商品を買うわけです。もちろん企業もそれを理解していて、そのタレントのファンがサービスや商品を購入してくれることを期待して、依頼をします。

ただ、ファンとＶＴｕｂｅｒの信頼関係は永遠に続くわけでも、どこまでも深いわけでもありません。ファンが推し活を辞めてしまう原因の一つとして、「推しが拝金主義に見えるようになった」というケースが少なくありません。大量の企業案件を受け、「これを買ってほしい」「あれも買ってほしい」と、訴求し続けると、信頼関係を喪失してしまう場合があります。とりわけ、「お金のために好きでもないものを紹介している」と見られるのは、辛いことだと思います。**インフルエンサーとしてのＶＴｕｂｅｒの強さの源は、ファンの数とエンゲージメント（関係性）の強さであり、一番してはいけないことがファンからの信頼を失う行為です。**そう見られないように、細心の注意を払いましょう。

さて、少しお話を戻しましょう。企業はなぜＶＴｕｂｅｒに案件を依頼するのでしょうか。それはもちろん、会社の収益を高めるためです。ＶＴｕｂｅｒに払ったお金以上のリターンを期待して、依頼をされるわけです。つまり、**高い報酬をいただくためには、相応のリターンを見込んでもらわなければなりません。その際に重要となるのが、ファンの数です。**多くのＶＴｕｂｅｒは、高い報酬の案件を求めているのですが、それを実現させるには「あなたのためならお金を使ってもいい」と思ってくれているファンの数が多くなければなりません。そうでなければ、企業は収益が見込めないので、そもそも案件を依頼しようと考えないからです。そのため、自分のチャンネル登録者数やコアリスナーが少ないうちから、高報酬の案件を望むことはできません。まずは、自分のファンをしっかりと増やしていくのが大切です。

また、案件には質があります。たとえば、何かを紹介するだけで固定の報酬がいただける案件は、質の高い案件です。企業からすると、期待する効果が見込めなかった時は赤字になってしまうため、大きな効果が期待できる場合でないと、こういう依頼はきません。ほかではイベントへの出演なんかも、質の高い案件です。ファンからの直接的な収益が期待できないのに報酬がいただけるのは、ファンの信頼を消費しないため、とてもよい案件です。反対に、ロイヤリティやインセンティブしか発生しない案件は、質が高くない案件です。たとえば、グッズが売れた数に応じて報酬がもらえるケースです。企業からすると、売上が少なければVTuberへの支払が少なくてすむため、損する可能性が低いメリットがあります（実際は、管理費や工数などで赤字ではあるのですが）。これはVTuberからすると、せっかく頑張って案件に取り組んでも、販売数が伸びなければ期待していた報酬がもらえないということになります。

チャンネル登録者数が数千人レベルでも企業からお声がけをいただける可能性は十分ありますが、この時点ではまだロイヤリティのみの案件がほとんどです。コアリスナーの数が多くないときにこのような案件を実施すると、売上が伸びずかけた手間に対して報酬は少なくなりがちで、バイトをしていたほうがマシという事態にもなりかねません。

固定報酬が期待できるようになるのは、YouTubeの登録者で言うと3〜5万人からかなと思います。このあたりから、案件のご相談は増えてきます。ちなみに、登録者が

10万人を超えるとさらに数が増えていきます。それは企業が社内稟議をあげる際に、チャンネル登録者数を主要な判断材料の一つにしているからです。

固定報酬の案件はもちろん依頼内容によって違うのですが、チャンネル登録者3~5万人なら数万円程度。登録者が10万人を超えてくると、10万円前後というのが相場です。これくらいの金額が定期的に発生するようになると、しっかりと案件準備に時間を使っても、コスパが見合うようになってきます。

また、YouTubeにおける案件の報酬額はかなり水もので、交渉によって大きく変わることも珍しくありません。企業からすると、最初は「この金額で受けてくれたら嬉しい」という額を提示することが多いので、「この条件なら、この金額で受けたい」という希望価格は、一度VTuber側から相談してみるとよいでしょう。かける手間に見合わないとモチベーションが上がりませんし、やる意義も薄くなります。**自分の安売りはせず、適正な対価は要求しないといけません。報酬アップを相談した際、あなたが魅力的なVTuberであれば、企業からも妥協案の提示があるはずです。**そして、こういう交渉を成立させるのに大切なのが、ファンの数とファンとのエンゲージメントの強さです。自分のファンが数人しかいないにも関わらず、報酬の交渉で強気に出たら、企業は「今回は見送らせていただきます」と返信せざるをえないでしょう。VTuberの強さの源泉は信頼関係の強いファンの数であり、そういうファンをいかに増やすかが企業案件には大切だということを、しっかりと認識しておきましょう。

ところで企業案件は、傾向としてもらいやすいＶＴｕｂｅｒとそうでないＶＴｕｂｅｒがいます。たとえば、普段ＦＰＳしかプレイしていないＶＴｕｂｅｒにシミュレーションゲームの案件は来ないでしょうし、ＰＣゲームしかしていない人にスマホゲームの案件は来ません。依頼する企業も、そのタレントと商材の親和性を見ているので、まったく活動で触れていないものを依頼するのはかなり特殊なケースです。そのため、ジャンルで特化しているよりも、いろんなことをまんべんなく配信しているＶＴｕｂｅｒのほうが依頼が来やすいと言えます。企業案件をもらうために活動内容を変えるのは本末転倒ですが、自分の活動方針は案件の来やすいものかどうかは、理解しておきましょう。

前述したとおり、**チャンネル登録者が10万人を超えたあたりから、かなり企業案件が増えてくるため、月1件くらいは期待してもよいかもしれません。**月1件の企業案件で10万円程度獲得できれば、それはあなたの専業化にとても心強い収益の柱になってくれます。ただし、登録者が1万人以下だと、月々の収入として期待するのは危険なので、まずはチャンネル登録者や、自分のファンの数を増やすことに注力してみてください。

まとめ

❶条件のよい企業案件は、一部の人気VTuberに集中する

❷VTuberの強さの源はファンの数とエンゲージメント（関係性）の強さであり、一番してはいけないことがファンからの信頼を失う行為

❸よい案件が期待できるようになるのは、チャンネル登録者でいうと3～5万人から

❹自分の安売りはせず、適正な対価を要求しよう。報酬アップを相談した際、あなたが魅力的なVTuberであれば、企業からも妥協案の提示があるはず

❺チャンネル登録者が10万人を超えたら、月1件くらいは期待してもよいかも

5章 5節

グッズ収益

私のところに相談に来るＶＴｕｂｅｒの中で、グッズを収益チャネルの一つに掲げられる方は多くいらっしゃいます。しかし、グッズで安定して収益を得るのはとても大変です。大手事務所の決算資料を読むと、直近ではＹｏｕＴｕｂｅの収益からグッズ販売などに主軸を移しつつあり、一見すると収益の柱にしているように見えます。ただこれは、大量にファンを抱え、大量にグッズが販売できるからであり、安易に真似をしてはいけません。

ＹｏｕＴｕｂｅの登録者1万人、普段の同接が30人程度のＶＴｕｂｅｒだと、一つのグッズを出して売れる数はおよそ20個くらいになると思います。仮にクリアファイルを作成するとして、販売単価が８００円なら1万６０００円が収入となります。原価を考えてみると、20個クリアファイルを製造するのに８０００円、新規イラストを制作するのに2万円、デザイン費に３０００円程度かかります。すると、原価は合計で3万１０００円となり、1万５０００円の赤字となります。これに加えて、自分で梱包したり、発送したりという手間も必要で、その作業を外注するならさらにその費用も必要になります。既存のイラストを流用したり、自分でデザインするなどで工夫し、収益性を高めることはできますが、それでも販売個数が20個程度であれば、手間の割に儲かりません。

このように、**グッズは想定の売上個数が増えないと、収益があがりません。ファンへの感謝の気持ちで制作するのはよいのですが、収益目的で制作すると、辛い結果になるでしょう。**作るのにはそれなりの手間がかかるので、毎月のように作って継続的に一定の収益を上げるのも現実的ではありません。

そんな中でもできるだけグッズで収益を上げたいということであれば、**長期間の販売を前提に大量に作るのがおすすめです。**ＷＥＢ上でＶＴｕｂｅｒのグッズ販売サイトを見ると、多くの場合、グッズが完売していることに気づきます。これは、在庫リスクを減らし、短期で売り切れる数だけを制作しているからです。ただし、新しいファンが流入した時の機会損失を起こしているとも言えますので、大量にグッズを制作して数年かけて売り切るような行動が取れれば、グッズの収益性が高まり、機会損失も起こしにくくなります。先ほどの例だと、すぐに買ってくれそうなファンは20人だけど、数年かけて１００個を売り切る想定だとどうなるでしょうか。想定売上は８万円で、原価の合計は３万７０００円、利益は４万３０００円確保できる見込みになります。長期間在庫を管理したり、大量の梱包・発送処理を行うことに変わりはありませんので、手間に見合っているかの問題はありますが、このようなグッズを1種類だけでなく数種類同時に作成すれば、一定の収益は生まれるかもしれません。

グッズの個数にもよりますが、制作、梱包、発送などを自分でやれば、粗利が50％程度は確保できます。ただ、制作やイラストなどの発注を含め、多くの手間と時間をかけなければなりません。その割に、販売個数が１００個にも満たない状況なら、そこまで収益が上がるわけではないので、とくに時間がない人にとっては、実施するメリットが見出せなさそうです。

そういう場合は、**外部のグッズ制作業者に一括で依頼するのもよいでしょう。すべて業**

者が実施してくれる代わりに、収益は売上の10％程度になります。ＶＴｕｂｅｒのグッズを制作したい業者はとても多く、一定の規模になったチャンネルには、ほぼ必ず声をかけてくれます。こういう業者に依頼すれば制作、販売、送付などの面倒な手間は回避でき、少しだけでも収益を残しながらファンへの還元もできるようになります。

このように、グッズ収益を高める際にも、ファンの数がとても大切になりますので、とにかく熱量の高いファンを増やすことに注力しましょう。繰り返しになりますが、**ファンへの感謝の意味でグッズを作るのはよいことだと思いますので、収益以外を目的として作ってみるのはありです。**

まとめ

❶グッズは想定の売上個数が増えないと収益になりづらい。収益目的で制作すると、辛い結果に

❷どうしてもグッズを展開したいなら、長期間の販売を前提に大量に作ってみよう

❸忙しい人は、外部のグッズ制作業者に一括で依頼するのもよい。ただし、すべて業者が実施してくれる代わりに、収益は減る

❹収益目的ではなく、ファン感謝の意味でグッズを作ってみるのはあり

5章 6節

広告代理店との付き合い方

あなたは「広告代理店」という言葉を知っていますか？　そして、どんなことをしている会社なのか説明することはできるでしょうか。あまりなじみのない業種ですが、ＶＴｕｂｅｒにとってはとても関係性が深いです。

広告代理店とは、プロモーションをかけたい企業の宣伝をサポートする会社です。企業とＶＴｕｂｅｒをはじめとするインフルエンサーの橋渡しもしてくれます。食品メーカーやゲームメーカーなどは、それぞれの専門とする食品やゲームについては詳しいものの、商品を宣伝するにあたって、どのＶＴｕｂｅｒを起用するのが最適かをご存じなかったりします。そのため、そういう事情に詳しく、さまざまなコネクションを持っている広告代理店に協力を依頼することが多々あります。

企業から直接案件の依頼が来ることもありますが、それよりも広告代理店を通して声をかけていただくケースが多いです。**そのため、広告代理店と上手くお付き合いすることは、案件収益を安定的に確保することに直結します。**

また、趣味としてＶＴｕｂｅｒ活動を行っている方もいらっしゃいますが、すべての広告代理店は、言うまでもなくビジネスとして活動しています。お金も、それに伴う責任も発生しますし、依頼してくれた担当者の後ろには、クライアント企業をはじめとした多くのステークホルダーがいることを理解しておかなければなりません。**ビジネス的な対応の基本として、丁寧な言葉づかいやレスポンスのよさなどは意識しておきましょう。**　特に返信の早さは、代理店側からするとかなり助かるはずです。

安定的に質の高い案件をいただくため、代理店の担当と信頼関係を構築するのは重要です。たとえばクライアントから仕事をもらう際、広告代理店は「この案件を誰に依頼するべきか？」ということを検討します。「いい案件は○○さんに依頼したい」と思ってもらえていたら、優先的に質の高い案件が回ってくるかもしれません。代理店に向けて、自分がいかに優秀なインフルエンサーであるかを普段からアピールしている必要があります。たとえば、条件の悪い企画であっても無視したり門前払いするのではなく、できる限り対応してあげたり、短納期に応えてあげたり、費用感に寄り添ってあげたりといった感じです。

また、私たちにとっては配信したら案件は終わりでも、クライアント企業の依頼内容によっては効果測定が含まれており、広告代理店が報告しないといけない場合があります。そこで結果がよくないとクライアントから指摘が入ったり、場合によっては別の広告代理店にとってかわられる可能性もあります。反対に、いい結果が出れば次のビジネスの機会に繋がります。VTuberとしてできることに限りはありますが、結果の部分に寄り添ってあげることも大切です。

私は案件のご相談をいただく際、「本件のKPIやKGIはなんですか？」と、確認するようにしています。その上で、なるべくKPIを達成できるように、一緒に広告代理店の担当者と戦略を考えたりしています。こうすることで、担当者からすると仕事のしやすい相手として認識してもらえて、その後も案件をいただきやすくなります。

もちろん、**広告代理店にもいろいろあり、しっかりした会社からゆるい会社まであるので、お付き合いする会社は選んだほうがいいです。**この会社とは末長く付き合いたいと思った場合は、より丁寧な振る舞いで、なるべく良好な関係を築いておきましょう。

代理店の担当者は、案件の配信をリアルタイムで見守ってくれていることも多いです。そして、私たちの配信は一般的な会社の終業時間よりも遅い時間帯のことも多いはず。担当者も感情を持った人間ですので、そういう時にご対応いただいた際は、「遅くまでお疲れ様です」などと謝意をお伝えすると、気持ちが伝わります。

その他にもたとえば「私で協力できることがあれば、今後もお気軽にご相談ください」といったことを普段から伝えておくことで、依頼の心理的ハードルを下げられます。こういう言動で、いい案件が自分に来やすい環境を構築していきましょう。

まとめ

❶広告代理店と上手くお付き合いすることは、案件収益を安定的に確保することに直結する
❷ビジネス的な対応の基本として、丁寧な言葉づかいやレスポンスのよさは意識しよう
❸末長くお付き合いしたい会社とは、より丁寧な振る舞いで、良好な関係を築いておこう

case study 5

YouTubeの登録者1万人から10万人まで

いったんYouTube広告を止めたのですが、当然のようにチャンネル登録の伸びは大きく鈍化しました。当時の成長ペースだと、登録者10万人達成には5年以上はかかる計算となり、私の希望するスピードでの成長は見込めませんでした。その当時は、見かけ上だけでもチャンネル登録者を伸ばしておけば、活動の幅が広がるだろうと考えていました。今振り返ってみてもこの考えは実際当たっていて、やはりチャンネル登録者が増えていると、さまざまな企業やVTuberなどから声がかかる機会は増えました。そして、発言の影響力も増していました。

そこで、YouTube広告を活用しながら、それ以外の手段でも大伸びを狙っていくような施策を練っていくことにしました。具体的に言うと、コラボの回数を大きく増やしたのです。当時（2021年頃）の大手事務所所属VTuberの動きを見ていると、個別の活動で獲得してきたファンをコラボで共有しあうことによって、全体のチャンネル登録者を増やしていく戦略をとっていました。それと同じことが、「個人勢」で小規模なVTuberでもできないかと考えたのです。こうして開始したのが、ラジオ風配信の「スイラジ」です。ほかのVTuberをコラボにお誘いする際、「コラボしましょう！」というオファーよりも、「私のラジオ風配信にゲストとして出演してください」という言い方のほうが、引き受けてもらいやすいと考えました。この「スイラジ」は今でも続く私のコンテンツになっており、2025年現在では、実施回数が40回を超えています。『スイラジ』に出演するのが憧れだった」と仰ってくださるVTuberも出てきており、いいコンテンツのブランディングができています。

「スイラジ」以外も含め、一番多かった時期は、週3くらいのペースでコラボ配信をしていました。それも、同じVTuberと連続ですることはほとんどなく、つねに新しいVTuberとコラボするように心がけました。当時、同じチャンネル規模感（登録者数万程度）の方とのコラボを続けることで、1回のコラボにつき30～50人程度はチャンネル登録者が増加しており、一定の効果がありました。最終的には70～80人くらいのVTuberとコラボできました。

一方、YouTube広告で登録者を増やす施策も並走させており、自分で定めた成長ペースを維持できるように費用をかけていきました。2021年上旬の段階で、2023年末の10万人達成を目標に据え、そこから逆算して1か月あたりに必要な広告費を定め、継続的に投資していきました。この時は、YouTube広告とコラボ戦略の両輪が上手く回っており、チャンネル登録者と同接などの数値が大きく乖離していませんでした。

2023年は「リスナーさんからいただいた支援は全額投資する」をコンセプトとして、さらにYouTube広告利用の戦略を強めていきます。この全額投資が上手く作用し、目標を半年前倒しして、2023年6月には登録者が10万人を超えました。実はこの頃には、コラボしたいと思っていたVTuberとはほとんどコラボしてしまい、コラボ戦略のほうはあまり実施できなくなっていました。

2022年に入ったくらいから、順調に数字が成長して、一定の見た目の良さが確保できたこともあり、「VTuberアナリスト」としてのブランディングも本格的に強化していくことにしました。当時、VTuberとしての活動実績がありつつアナリストの目線でチャンネル成長について語っている動画を作っていた人はほとんどいなかったので、やはり見た目だけだったとしても、チャンネル登録者が多かったことはプラスに働いていたと思います。このようなコンテンツを量産していたことも、当時のチャンネル登録者の増加には一定の効果がありました。また、「お金を払ってもいいから相談したい」というVTuberの声を聞き、コンサルティングのサービスも始めました。ここで得た収益も広告費に充てていました。

こうして、目標を前倒しする形で登録者10万人が達成できましたが、私の一番根源的な欲求は「後世の人が、VTuberの歴史を振り返った時、私の名前が出てほしい」というものであり、これを実現させるためには、さらなるチャンネル登録者の増加が必要だと考え、新たな戦略を考えていくことになります。

6章

テクニック

6章 1節

需要の見つけ方

YouTubeでは、何がヒットするかわかりません。時勢に上手く乗れるかや、そして運も関わってきます。基本的には、いろいろトライして数字が取れたものを残し、取れなかったものをやめていく。この作業を繰り返すことでチャンネルを成長させていきます。この時に大切なのは、瞬間的に数字が伸びてなくても一定期間続けることです。一般的に、YouTubeでチャンネルのブランディングが進み、結果が出るまでには3か月程度必要と言われています。3か月で動画を50本くらい出すまでは、一つのジャンルにトライしてみてもいいでしょう。それまで試したことのない新しいジャンルにトライして、最初の1本から伸びることはほとんどありません。一定期間は同じジャンルの中で、試行錯誤することになります。

コンテンツの方向性でよく相談されるのが「〇〇はすでにやってる人がいるからダメですよね？」という内容です。結論としては、まったく問題ありません。たとえば、イチローさんが野球のバッティングについて解説した動画を投稿したら、それ以外の人には一切勝ち目がないのでしょうか。もちろんそんなことはありません。同じことを説明するにしても、コンテンツには人それぞれの色が入ります。それは理論の違いだったり、トークや編集の面白さだったり、チャンネルの個性と言われるものです。ジャンル自体がオンリーワンであることにこだわる必要はありません。

ちなみに、完全に競合のいないコンテンツは、逆に不利だと言われています。なぜなら、YouTubeの関連動画として表示されない可能性が高いからです。同じようなジャンルのコンテンツを出しているチャンネルがあれば、その関連動画に表示されることで相互に伸びていく可能性があります。ただし、競合が多すぎるのもそれはそれで辛いので、競合チャンネルが3～5チャンネルくらいある環境が、ベストに近いと思われます。

話は変わりますが、多くの方は、情報収集に時間を使えていません。たとえば、これまでのコンサルティングで「あなたの競合チャンネルを教えてください」と言うと、解答できない人がほとんどです。ＹｏｕＴｕｂｅ全体を見るのは難しくても、**自分の競合ジャンルで伸びている人、伸びていない人の分析は必ず行うべきです。なぜなら、そこで伸びているコンテンツと伸びていないコンテンツを確認しておくことで、ＰＤＣＡサイクルを回したのと同じ効果が得られるからです。**誰かがトライして失敗していることを最初から避けられれば、無駄な時間の浪費をしなくてすみます。もちろん、動画単位での伸びにはいろんな要素が関係してくるので、あくまで参考として捉えることです。誰か一人が伸びていなくても、同じ動画を別の誰かが投稿して伸びることはあり得ます。

そして、競合チャンネルが伸ばしたコンテンツこそが、あなたが一番参考にすべき動画です。動画の編集方法やテーマの切り口を参考にし、自分のコンテンツに取り入れてみてください。成長するという点において、人の真似をするのは悪いことではありません。アイスバケツチャレンジ、メントスコーラ、ポケモンダンス、ロリ神……。これらの企画を一体どれだけの人が真似をしたでしょうか。そしてその人たちは「真似するな」とバッシングを受けているでしょうか。ぜひ、数字を伸ばしているコンテンツを、自分のチャンネルにも取り入れてみてください。そのためにも、競合チャンネルの状況はしっかり調べることが重要です。なかなか能動的に調査するのは難しかったりしますので、たとえば「週に○時間は分析に時間を使う」など、最初からスケジュールを確保しておくのもおすすめです。ちなみに私は、入浴中や寝る前の時間などを市場調査にあてることが多いです。

最後に、ゲーム配信の需要についてご説明したいと思います。みなさんは、同接ランキングの存在をご存じでしょうか。「ＹｏｕＴｕｂｅ　同接ランキング」などのフレーズで検索すれば出てきます。ぜひチェックしてみてください。ＹｏｕＴｕｂｅ全体を見るのもいいのですが、サイトによってはＶＴｕｂｅｒに絞ったランキングが見られます。ただし、これを見て、たとえば1位の宝鐘マリンさんがスーパーマリオワールドで同接2万人を達成しているとしても、これを「スーパーマリオワールドに需要がある」と捉えてはいけません。この場合は、ゲームタイトルに需要があるから同接が2万人なのではなく、タレント自身に人気があるから同接が2万に達していると解釈すべきです。同様の理由で、「企業勢」のＶＴｕｂｅｒも参考にはしづらく、できれば「個人勢」の配信や動画のランキングを見るほうが参考になります。事務所に所属していると、〝箱推し〟でブーストがかかることがあり、チャンネル登録者数に対して同接人数が多くなることがあります。

同接ランキングを上から眺めていくと、**「個人勢」でチャンネル登録者がそこまで多く**

ないにも関わらず、同接が多い方を見かけることがあります。そういう配信で扱われているゲームタイトルこそ、ＹｏｕＴｕｂｅ視聴者に需要があり、自分がプレイしたときにも数字が伸びる可能性を秘めているものです。

同接ランキングサイトを普段からたくさん眺めていると、だいたい誰がどれくらいの同接を確保しているかがわかってきます。そうなれば「企業勢」のＶＴｕｂｅｒでも、「普段よりも今日は同接が多いな」など、推移や動向が見えてきます。普段より著しく同接が高いということは、ゲームタイトルの需要が加算されている可能性が高いということを意味します。

なお、このようなゲームのトレンドについては、2～3日もすればガラッと環境が変わります。需要を見つけたあと、1週間程度寝かせて自分がプレイしたときには、すでに需要がなかったということにもなりかねません。トレンドをつかんだら、スピーディーに自分の配信に活かしていきましょう。

まとめ

❶いろいろトライして数字が取れたものを残し、取れなかったものをやめていく作業を繰り返そう

❷完全に競合のいないコンテンツは、逆に不利

❸競合ジャンルで伸びているチャンネル、伸びていないチャンネルの分析は必ず行おう

❹「個人勢」でチャンネル登録者が多くないにも関わらず、同接が多い配信タイトルが狙い目

❺トレンドをつかんだら、スピーディーに自分の配信に活かそう

6章 2節

YouTube SEO攻略

SEOという言葉をご存じでしょうか。「Search Engine Optimization」という言葉の略で、検索の最適化を意味します。GoogleやYouTubeなどで、特定のワード検索をした際にできるだけ上位に自分のコンテンツを出すための取り組みです。YouTubeでチャンネル登録者数を増やすためには、今まで自分の動画や配信を見ていなかったYouTubeのユーザーに向けて、サムネを表示してもらう必要があります。そのため、YouTubeチャンネルの運営者は、YouTubeのSEOに心血を注ぎます。既存のファンにしかサムネが表示されないと、永遠にチャンネル登録者は増えません。そして、YouTubeにおけるサムネイル表示は誰かが手動で操作しているわけではなく、YouTubeのAIによって自動で行われています。そのため、私たちはいかにYouTubeのAIに優遇してもらうかを検討する必要があります。YouTubeにおけるAIの大まかな仕組みは、第4章の第1節に記載しておりますので、そちらをご覧いただくとして、ここでは、もう少し実践的なSEOについて説明します。

YouTubeの基本的なロジックは明解で、「必要としている人に、面白い動画を届ける」というものです。ここでおすすめしてもらうためには、**自分の配信や動画がどんな内容なのかを、正しくYouTubeのAIに認識してもらわなければなりません。具体的は次のような項目で、動画の内容を判断しています。「タイトル」「動画概要欄」「ビデオタグ」「カテゴリ」「言語設定」です。特に「タイトル」は、SEOに与える影響が大きいとされています。**したがって、動画の内容がわかる単語を必ず入れておく必要がありまるでしょう。言い換えれば、どういう検索フレーズでこの動画にたどり着いてほしいか、とも言えます。

たとえばサッカーのフリーキックについて解説した動画の場合、「正しいフリーキックの方法」というタイトルだけだと、サッカーの動画なのかラグビーの動画なのかが判断できません。そのため、「正しいフリーキックの方法【サッカーテクニック講座】」などと、検索ワードを末尾にタグ形式で入れておくとよいでしょう。ほかにも、「スーパーマリオ」など具体的なゲームのタイトルであったり、「レトロゲーム」のようなジャンルなどの、検索されやすいフレーズを入れておくのがおすすめです。

またこういう単語については、タイトルだけではなく動画概要欄などにも記載する必要があります。動画タイトルにだけ入っているよりも、動画概要欄やビデオタグに同じ単語が入っているほうが、YouTubeのAIが内容を認識しやすくなります。先ほどの例だと、「サッカー」や「テクニック」などといった単語は、動画概要欄にもビデオタグの欄にも、同じものを入れるようにしましょう。動画概要欄には、通常の文章として書いてもいいですし、「#サッカー」という形式でハッシュタグとして入れても効果があります。YouTubeは、日本語のように単語で区切られない言語は、単語の認識が甘いことがあります。そのため、絶対に単語として認識させたい場合は、タグ形式で記載していきます。

少し話は変わりますが、動画概要欄に大量のほかの動画へのリンクが貼られている動画を見たことはないでしょうか。あれは、動画同士の関連性を高めるための施策です。動画概要欄は、おそらく多くの方は毎回見たりはしませんよね。それでもこの施策が重要なのは、ＹｏｕＴｕｂｅのＡＩが概要欄をとても参考にしているからです。たとえば、前編と後編の2本で構成されている動画の前編を見ている際、後編の動画が関連動画の一番上に来ていることがあります。あれは、前編と後編の動画が強く関連付けられているからです。そういった、**動画同士の関連付けを認識させるため、動画概要欄にリンクを貼っておくことも必要です。**

たとえば、毎回配信の動画概要欄に、自分のおすすめの切り抜き動画などを貼り付けておけば、関連動画の欄に自分の動画が表示される可能性が高まります。このように、関連付けたい動画をＡＩに教えてあげるという気持ちで、動画概要欄は記載するようにしてください。

まとめ

❶自分の配信や動画がどんな内容なのかを、正しくYouTubeのAIに認識してもらう必要がある
❷動画同士の関連付けを認識させるため、動画概要欄にリンクを貼っておくのもよい

6章 3節

トーク力の向上

皆さんは、自分のトーク力に自信はありますか？　トーク力はレベルが数値化しにくいスキルで、彼我のレベル差を見極めるのはとても難しいです。ただ、VTuber活動を行うにあたっては絶対に避けては通れないもので、活動の基礎とも言えます。雑談も、ゲームも、コラボも、チャンネルを成長させるためにはトーク力が求められます。どんなにゲームが上手くても、トークが面白くないVTuberの配信を見続けるのは視聴者にとって苦痛です。

したがってすべてのVTuberは、トークレベルを高めていく必要があるのですが、トークが面白いかどうかは視聴者の主観によるところが大きいです。また、時勢によっても面白さは変わります。10年前に面白いとされていたものが、現在は面白くないと感じることもありますよね。面白さは、時代の流れから生まれてきたりもするので、世間の風潮が変わると感じ方が変わります。逆に言うと、今は面白くないものも、1年後には評価される可能性があります。

このようなことをふまえてトーク力を伸ばすには、自分の感性を信じるしかありません。もしあなたが、大手事務所の人気VTuberと自分の配信を比べて、トークのレベルに大きく差はないと感じるなら、トーク力については考えなくてもよいです。逆に、自分のトーク力が劣っていると感じた場合、あなたには成長のチャンスがあることになります。人気VTuberのトークのどこが優れているのか、どういうところを面白いと感じたのか、なぜその要素は自分のトークには感じられないのか、何度も配信を聞き比べ、明確に

言語化してみてください。

①自分の理想とするVTuberの配信を聞く
②自分の配信を聞く
③両者の違いはどこにあるのかを考える
④次の自分の配信に活かす

このステップを繰り返すことで、少しずつあなたのトーク力は向上することでしょう。

また、自分以外のVTuberやアドバイザーの感性にしたがう必要はありません。たとえば、「あなたはトークが苦手だから練習したほうがいい」と言ってくる人がいたとしましょう。その人にとってはそうでも、別の誰かにとってはあなたのトークは最高と感じられるかもしれません。100人にアンケートを取った時、70人は悪いと感じ、30人はいいと感じた場合、少数派ではありますが、その30人に刺さればいいという考え方もできるでしょう。アドバイスをくれた人が、たまたま70人側に所属していただけの話です。なので、**大切にすべきはあなたがどう思うかです。**繰り返しになりますが、VTuberにとって自分のプロデューサーは自分自身で、どの品質で満足するかは自分が決定すべきことです。

自分のトークを聞き、業界のトップVTuberと比べてどうかという考えは、常に意識しておきましょう。あなたが劣っていると自分で感じるなら、ぜひPDCAサイクルで、向上に取り組むことをおすすめします。

その時々で感じ方も変わりますので、一度問題ないと判断しても、半年後にその時のトップランナーと比べたら、また感じ方も変わるかもしれません。**数か月単位で良いので、定期的に自分のトーク力のチェックをしてみましょう。**

まとめ

❶トーク力は高いほうがよいが、その評価は視聴者の主観によるところが大きい
❷自分のトーク力が劣っていると感じた場合は、人気VTuberのトークを参考にしよう
❸もっとも大切にすべきはあなたがどう思うか
❹定期的に自分のトーク力をチェックしよう

6章 4節

いいサムネイルとは

優れたサムネイルとは、どういうものでしょうか？　それは、たくさんクリックされるサムネイルです。とにかく美麗なサムネイルを作ろうとリソースを割く人がいますが、それは間違いです。もちろん、美しいに越したことはないのですが、サムネイルは美しいからクリックされるわけではありません。綺麗だからではなく、内容に興味をそそられるから、クリックされるわけです。

視聴者の興味を引くポイントを「フック」と呼びます。**サムネを作る際、動画内のどの要素をフックとして訴求するかは、とても重要です。フックが強ければ、必ずしもデザイン的に美麗なサムネイルにする必要はありません。**この点を意識するようになると、企画性がないゲーム実況のフックの弱さに気づけます。たとえば、「普通にＡＰＥＸで対戦します」という内容は、どこをどう切り取ってもフックが作りづらいです。なので、サムネのフックになるものを考えながら企画が立てられれば、サムネ作りはとても楽になります。たとえば、「○○するまで○○のＡＰＥＸ」というような企画にすれば、普通に対戦プレイするだけよりも、フックが強くなるのがイメージできそうです。いい企画が思いつけば、いいサムネを作るハードルは下がっていきます。

また、サムネイルは必ず動画のタイトルとセットで見られます。閲覧者に強烈に見せたいビジュアル要素をサムネに、それを補足する言葉をタイトルに入れるとよいでしょう。ここでのよくある間違いとしては、タイトルとサムネに同じフレーズを入れることです（図

図1
サムネとタイトルに同じフレーズを使った例

図2 サムネとタイトルに異なるフレーズを使った例

1参照）。同じフレーズを入れている場合、サムネとタイトルに含まれる情報が変わらなくなってしまいます。**サムネにはない別のキーワードを入れて、タイトルでさらに興味を引きつけるようにしましょう**（図2参照）。

また、サムネを作る際、視聴者にどれくらいの時間見てもらえるかは、意識したほうがよいです。一度、普段自分がどのように動画を探しているかを考えてみましょう。スマホやタブレットでYouTubeのトップ画面を開き、何か面白そうな動画がないか次々とスクロールしていくのではないでしょうか。改めて考えてみると、1枚のサムネイルを見ている時間は、0・2〜0・3秒程度であることに気づけると思います。そのため、0・2〜0・3秒で、大まかな内容が伝わるデザインにする必要があります。計算していくと、サムネイルの中にあまりたくさんの文字は入れられないことがわかります。興味を引くために、大量の文字をサムネイルに書き込む人がいますが、文字サイズが小さくなってしまうため、読みづらくなってしまいます。仮に大量に文字情報を入れたい場合は、文字のサイズに差を

図3
アバターイラストは目的によって有無を判断

設け、最初に読ませたい文字と、その後じっくり読んでもらいたい文字をわけるとよいでしょう。目安としては、**サムネイルに入れる文字数は10～20文字で収めるのがおすすめです。**それ以上に伝えたい情報がある場合は、タイトルで補足しましょう。

よく聞くサムネのお悩みに「自分のイラストは入れたほうがよいですか？」というものがあります。アバターのイラストを入れると「ＶＴｕｂｅｒの配信っぽいな」という印象を視聴者に与えることができます。イラストがないと、ゲーム実況者の動画っぽい印象になります。イラストの有無は、自分が訴求したい内容によって決めましょう。「〇〇のゲームをやっているＶＴｕｂｅｒを探している」というリスナーに来てもらいたい場合はアバターイラストを入れるべきですし、「普段ＶＴｕｂｅｒは見ておらず、面白いゲーム実況者を探している」という人にリーチしたい場合は、イラストはなくてもよいでしょう（**図3参照**）。

文字のサイズについても、少し工夫するだけで格段に見やすくなります。次ページの**図4**をご覧ください。右側はすべての文字の大きさが同じで、左側は重要な文字のみ大きくしたものです。一般的には左側のほうが見やすい人が多いのではないでしょうか。このように**文字のサイズに強弱をつけることで、パッと見た時に、各単語を認識してもらいやすくなります。**また、ここまでいくつか見てお気づきかもしれませんが、サムネイルの右下

図4　文字サイズに強弱をつけ、特定語の視認性を上げる　強弱あり（左）強弱なし（右）

図5　サムネの右下は空ける

は空けておきましょう。なぜなら、そこには動画の時間が表示されるからです。表示サイズによって、どれくらいの大きさになるかは表示場所によって違うのですが、いずれにせよ文字と時間が重なってしまうと、視認性が低くなりますし、言いたいことが伝わりづらくなります。できる限り、文字は右下に入れないように心がけてみてください（**図5**参照）。

また、**デザインに慣れていない場合は袋文字にすることをおすすめします。**袋文字とは、文字の外にフチを付ける手法です。**図6**をご覧ください。右が袋文字、左がそのまま文字を入れたパターンです。右側の上部の文字は、白のフォントに一度ピンクでフチを付けて、その外側にさらに白のフチを付けています。左側のシンプルな白だけの文字に比べて、背景に埋もれずしっかりと視認できるようになっています。サムネイルを作り始めたときは、使っているツールなどの仕様もあってか、シンプルに文字を入れているだけのＶＴｕｂｅｒをよく見かけます。こちらも、簡単な工夫でとても見やすくなりますので、トライしてみてください。デザイナーのように色彩の勉強をしてレベルが高くなれば、袋文字でなくても視認性を高めることはできるのですが、難易度は高いです。

図6 文字が読みにくい場合は、文字にフチをつけて読みやすく
フチあり（右）フチなし（左）

サムネイルについては、これまで紹介したように「やったほうがいいこと」「やってはいけないこと」がいくつかあり、それを守っておくだけで一定のクオリティに仕上がります。また、こだわり始めると際限がなく、1枚のサムネ制作に数時間かかってしまうこともありますが、それでは活動のコスパが悪くなってしまいます。1枚のサムネイルに使う時間の上限を決めて、その中でレベルアップを目指していくとよいでしょう。たとえば「サムネ制作には絶対に30分以上かけない」というような自分ルールを作るなどです。まずは、毎回安定して自分の中で60点のサムネができるように目指してみるとよいでしょう。

サムネイルには、正解もゴールもないため、つねに努力と改善を繰り返すことが必要です。最高のサムネイルができるように、ＰＤＣＡサイクルを回しながら取り組んでいきましょう。

まとめ

❶サムネを作る際、動画内のどの要素をフックとして訴求するかが、とても重要

❷タイトルにはサムネにはない別のキーワードを入れましょう

❸サムネイルに入れる文字数は10～20文字で収めること

❹文字のサイズに強弱をつけることで、各単語を認識してもらいやすくなる

❺デザインに慣れていない場合は袋文字にするのがおすすめ

6章 5節

お金や手間などリソースの配分

「個人勢」の場合、VTuberのプロデューサーは自分自身です。そして、VTuberのプロデューサーの大切な仕事の一つに、リソースの分配があります。**手間、時間、お金などのリソースを、どこにどれくらい投入することで、どれくらいのリターンが見込めるか。そしてリターンを最大化させる施策は何か。最大効率で成長するには、これらをつねに考え、リソースの配分をしていかなくてはいけません。**

考えるべきリソースは大きく二つで、「手間」と「お金」です。ちなみに工数は、お金があれば外注で代替できることも多いので、とくにお金の配分は大切です。

とにかくチャンネル登録者がほしいのであれば、YouTube広告にお金を注ぐのが効果的です。しっかりチャンネルが運営されている印象を打ち出したいのなら、デザインやイラストのバリエーションにお金をかけるのがよいと思います。

そして、**長期的なブランディングとチャンネルの本質的な価値向上を試みるなら、動画やShortsの制作に予算を割かなくてはなりません。**動画はYouTubeのチャンネルにおける資産であり、恒久的に再生され続け、収益とインプレッションをあなたにもたらします。長期的な目線に立つのであれば、動画やShortsの制作費にお金を使うという選択肢は、つねに頭の中に入れておくべきでしょう。

長期的に再生数が獲得できる動画を制作するのはとても大事なので、優先的にリソースを割きましょう。大きく数字が伸びた場合、「〇〇の動画を制作した人」というブランディングも可能になります。一方、お金がかかるわりに効果が出にくいのが「アバター変更」

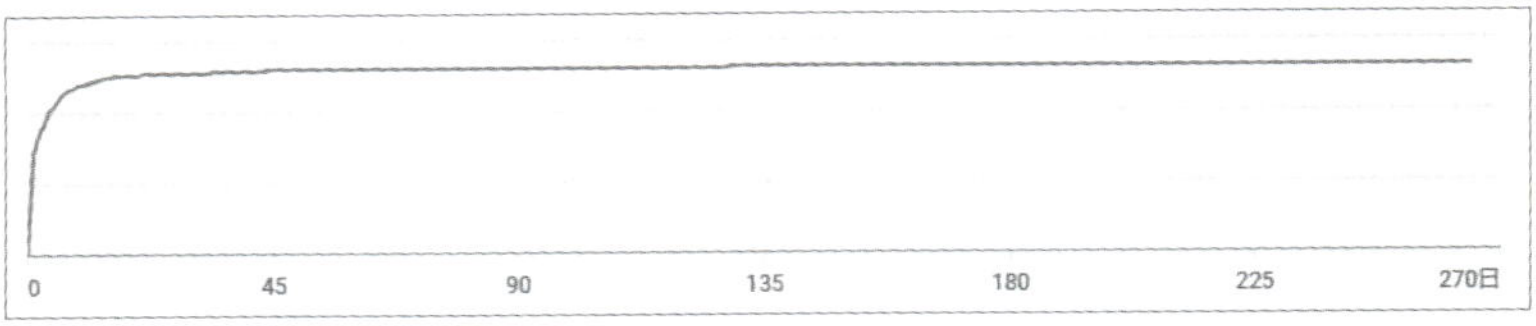

【よくある配信の再生数推移】配信後数日経つと、ほとんどアーカイブは再生されなくなる

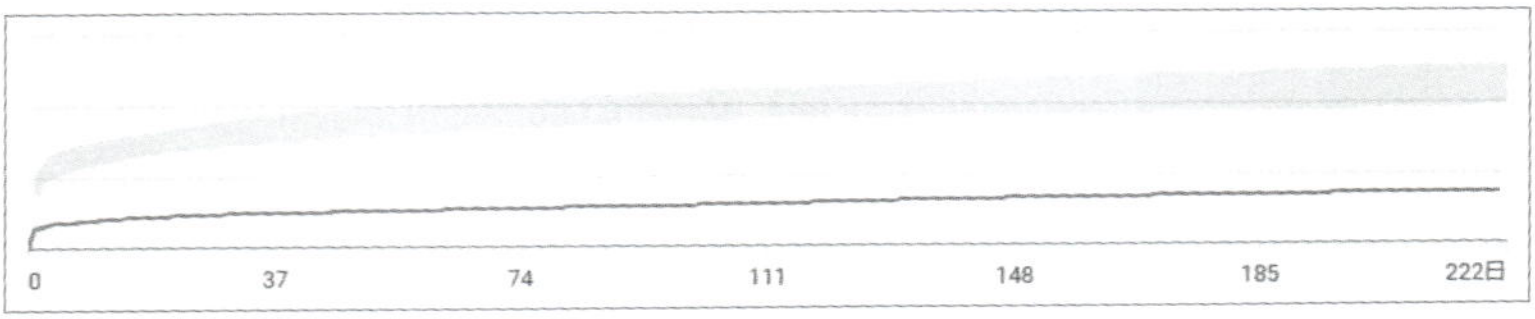

【普通の動画の再生数推移】配信より少しはマシなものの、投稿して日数が経つとほとんど再生されなくなる

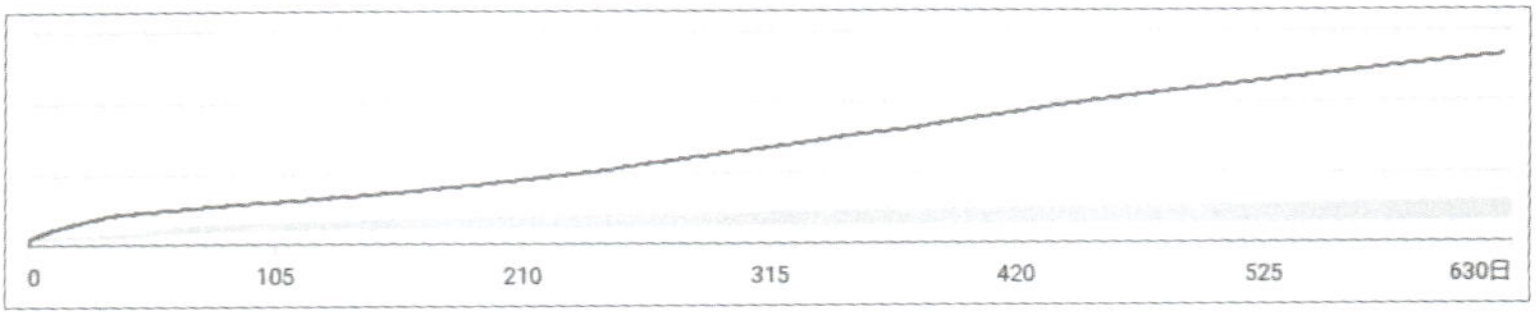

【品質の高い動画の再生数推移】長期間にわたって一定の再生数が獲得できる

や「3Dアバターの制作」「3Dライブ」です。アバターの変更は、キャラクターデザインそのものを変えたり、衣装や髪型を変更するだけの場合がありますが、いずれにせよまとまったお金が必要になります。**また、アバターを変更して喜ぶのは既存のファンであることをふまえると、新規客の獲得につながるかは難しいところです。したがって、別のことにお金を使ったほうが、チャンネルの成長には繋がりやすいです。**自分自身の活動への満足度向上や、ファンサービスという位置づけでアバター変更などに予算を確保するのはありですが、成長に繋がりづらいことを理解した上で実施するようにしましょう。

　3Dアバターや3Dライブについても同様で、特に3Dアバターは制作に数百万円の費用がかかることも珍しくなく、実施にはかなりの決心が必要になります。現在では3Dアバターを持っているVTuberも増え、3Dアバターで活動しているという理由で数字が伸びることもなくなりました。正直なところ、少なくとも「個人勢」では3Dアバターを上手く活用して伸びに繋げている人はほとんどおらず、かけた費用の回収がとても難しいと感じます。これには、3Dアバターは作って終わりではなく、その後の運用にもスタジオのレンタル費用などがかかってくることが関係しています。仮に3Dのライブを行った場合、1回実施するのに数十万円かかりますが、そのライブのスパチャで費用を回収するのもなかなか難しいです。

VSingerのような、歌を主体に活動される人は、イベントにゲストとしてお呼ばれすることがあるので、3Dアバターを持っておくことで、そういった副次的な効果が期待できます。ただその場合でも、かけた費用に対してリターンが見あっているのかは、しっかり考えましょう。自分のチャンネルを成長させること、VTuberとして成長することが大事な時期には、別の部分に投資したほうがいいかもしれません。半面、3Dアバター制作や3Dライブを、VTuber人生の主目的に据えられている方は、自分の夢の達成のためにリソースを多めに使うのは、とてもよいことだなと思います。夢は早めに叶えたいですよね。

まとめ

❶どのリソースを、どこにどれくらい投入するかをつねに考え、リソースの配分をしよう

❷とにかくチャンネル登録者がほしいのであれば、YouTube広告にお金を注ぐのが効果的

❸チャンネルの本質的な価値向上には、動画やShortsのクリエイティブに予算を割かなくてはならない

❹アバター変更や3Dライブは新規客の獲得につながりづらい

6章 6節

利用するべきWEBサイト

ここでは、ＶＴｕｂｅｒが活動をする上で、参考になるＷＥＢサイトを紹介します。①「ＹｏｕＴｕｂｅライブＮａｖｉ」は、ＹｏｕＴｕｂｅにおける生配信の同接ランキングを、リアルタイムで表示してくれるサイトです。ＶＴｕｂｅｒが実施しているものだけに絞って表示できますので、ＶＴｕｂｅｒ業界のトレンドと需要を調べるのに便利です。②「Ｓｋｅｂ」は、イラストコミッションサイトです。本来は私的利用を目的としているサイトですが、依頼文の中にＹｏｕＴｕｂｅで利用することを織り込んだ上で依頼を受けてもらえれば、活動に利用しても問題ないと思います。イラストを３０００円から発注できますので、金額的に利用しやすいでしょう。③「ＳＡＭＵＮＥ」は、ＹｏｕＴｕｂｅにおける優秀なサムネだけを集約したサイトです。こちらも、ＶＴｕｂｅｒのものだけに絞れますので、トレンドを読む

① **YouTube ライブ Navi**
https://youtubelive.soraweb.net/

② **Skeb**
https://skeb.jp/

③ **SAMUNE**
https://thumbnail-gallery.net/

④ **KAMISAMUNEV**
https://kamisamunev.com/

際にも使えます。④「KAMISAMUNEV」、③と同じく、品質の高いサムネイルの共有サイトです。サムネ制作の参考にしましょう。⑤「kamuitracker」は、お気に入りチャンネルをブックマークする機能があり、どのチャンネルが指定した期間にどれくらい数字が伸びたのかを一覧でチェックできるのが便利です。定期的に競合チャンネルを確認し、伸びたチャンネルがあれば、なぜ伸びたのかを分析し、自身のチャンネルの成長に役立てましょう。⑥「PLAYBOARD」は、YouTube上のチャンネルのスコアをランキングで見せてくれるサイトです。推定値ですが、スパチャの額を表示する機能があり、チャンネル規模のチェックに使えます。こちらも、VTuberで絞って表示をする機能があります。⑦「ココナラ」⑧「SKIMA」は、コミッションサイトです。誰かに何かを有償で依頼したい場合は、この二つのサイトでほぼこと足ります。アバター制作から楽曲制作、機材の相談まで、やりたいことがある場合は一度チェックしてみてください。

⑤ **kamui tracker**
https://kamuitracker.com/

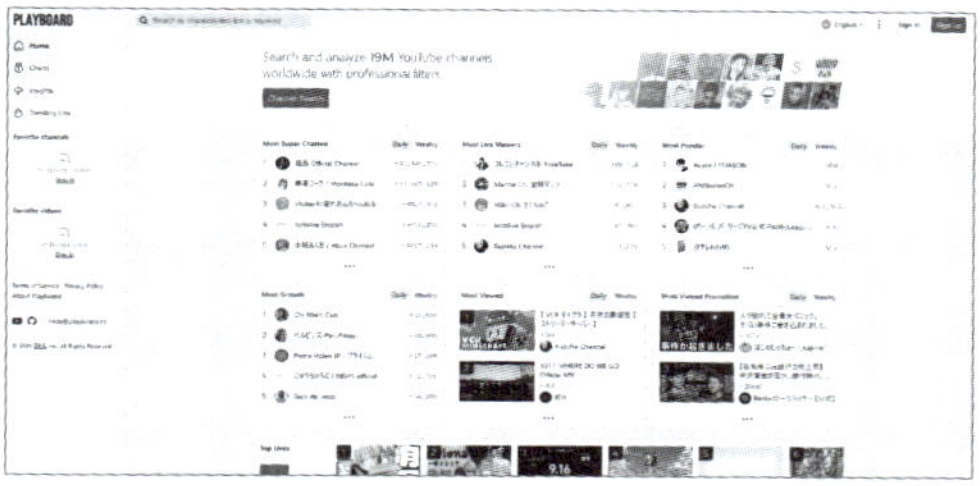

⑥ **PLAYBOARD**
https://playboard.co/en/

⑦ **ココナラ**
https://coconala.com/

⑧ **SKIMA**
https://skima.jp/

case study 6

YouTubeの登録者100万人の変化

2023年6月に登録者10万人を達成した後も、継続的に海外向けにYouTube広告を打ち続け、2024年9月の末ごろにYouTubeの登録者が100万人を達成しました。10万人達成からは、15か月程度の期間を要しました。

基本的には広告で刈り取り切るという発想でしたので、あまりそれ以外の施策は実施していないのですが、途中の大きな施策で言うと、2024年初頭にフルアニメーションPVを作成しました。それまで広告用に使っていたティザームービーから置き換えることで、さらなる広告の効率改善を狙っておりましたが、結果としてこれはあまり上手く作用しませんでした。200万円近い予算を投下したので、正直悔しかったです。結果的にこれは失敗だったなと感じています。

広告の効率を高めるための取り組みは継続的に行っていて、広告の打ち方は結果を見ながら随時調整しました。大きかった変更点で言うと、同じ視聴者に複数回見せる設定にしたのは、効果があった気がしました。それまで、同じ視聴者には1か月に1回しか再生されないような設定にしていたのですが、これを複数回見せる設定に途中で変更しました。1回だけではなく何回か視界に入れることで、単純接触効果が発生したのかなと思います。そういった細かい調整もあり、ハンドリングさえ間違えなければ、YouTubeの登録者数100万人は達成できると確信していました。もしかすると、途中で広告のターゲットが枯渇してしまうのではないかという懸念もありましたが、そんなこともなく最後まで走り切ることができました。ただ、最後のほうは序盤の2分の1くらいに効率が悪化していたので、やはり同じ施策を継続すると効果は下がるなとは感じました。

100万人を達成した最初の感想は、「ほっとした」でした。「もうこれ以上は頑張らなくていいんだ」というような心境です。フルマラソンを完走した時の気持ちに似ている気がします。

また、「100万人」という数字がキャッチーなため、達成後はいろんなところで取り上げていただいたのですが、ネガティブな反応も多かったように感じます。実際の人気がついてきていないので、「悪い手法を使って達成したのではないか」と疑われたりもしました。また、再生数や同接が少ないことを理由に直接的なバッシングも受け、達成直後の私はやや落ち込んでいました。

ただ、バッシングをしたくなる人の気持ちも理解できます。推しているVTuberと私を並べたときに、人気がなさそうな私に登録者数で抜かれたとなると、ファンとしては「なんで?」という気持ちになりますよね。ですが私としては、YouTube広告に偏重した戦略を使ってYouTubeのチャンネル登録者数100万人を獲得した例はほかにないと思っていて、貴重なサンプルの一つとして、価値があるのではないかと考えています。

この本を執筆させていただいているのも、大きく登録者を伸ばした影響の一つだったりするので、決して意味のない行為ではありませんでした。なにより、ファンの皆さんと同じ目的に向かって努力するのは、とても楽しい体験でした。ここまでご支援をいただいた皆さんには、本当に感謝の気持ちでいっぱいです。

見た目の数字は獲得したものの、実数がついてきていないのはそのとおりなので、今後は本質的な人気の獲得に全力を注いでいきたいと思っています。ほかの「個人勢」VTuberのみなさんに、こういう戦略もあるんだという一つのサンプルとして、役立てていただけると嬉しいです。

ひとまずは、大きな目標を達成し、今はちょっと気楽な気分です。ただ、「ようやくチュートリアル完了か」というふうにも思っており、クリエイターとしての本当の戦いは、これから始まっていくのだと感じています。今後は同接や再生数を伸ばすという、今までとは別の軸に向かって全力投球することになるので、それは素直に楽しみです。やはり、何かに挑戦することは楽しいですよね。

そして、目標達成後も、あんまり配信を休む気にはなれなかったですね(笑)。多くのファンから「少しは休んで」と言っていただけるのですが、やはり私は走り続けているほうが性にあっているみたいです。これからも、ファンの皆さんと全力で一緒に生きていくことを、楽しんでいけたらなと感じています。

対談❶

×VTuber 河崎翠

クリエイターとしての心得

■走り続けてYouTubeの登録者100万人突破

河崎　山田さんとお会いするのは2024年2月以来、2回目ですね。

山田　YouTubeチャンネル「山田玲司のヤングサンデー」でのコラボ配信（※2024年2月14日配信「伝説の元VTuber『ねこます』今夜限りの大復活！～現役V河崎翠さんも参戦し語るVTuberの魅力と歴史!!」）では、お世話になりました。河崎さんの解説のおかげで、VTuberという大枠のなかにどんなカテゴリがあり、活動にはどのような苦労があるのかわかりました。

河崎　山田さんとコラボさせていただいた後、2024年9月頃には私もYouTubeの登録者数が100万人突破しました。同年の12月時点で、企業に所属していない「個人勢」のVTuberとしては、しぐれういさんに次いで国内第2位にランクインしたんです。

山田　河崎さんはたしか、一般的なVTuberとは異なる手法で登録者数を増やそうとされていましたよね？

河崎　私はシステムを分析してハックするのが好きなので、YouTube広告を活用してチャンネルの登録者数を増やす手法をとりました。

山田　独自の手法を生み出し、それで登録者数100万人超え。偉業ですね。

河崎　ありがとうございます。登録者数と実際の人気が乖離していると指摘されることもあるのですが、キャラクターとしての魅力や配信内容の面白さ、ゲームプレイの上手さ以

漫画家 山田玲司

外にも登録者数を伸ばす方法はあるんだと証明したかったので、やりたかったことは達成できたかなと思っています。

山田 立派ですよ。試行錯誤しながら、努力し続けてこられたんですから。

河崎 ありがとうございます。100万人という大きな目標を達成しましたが、この先も止まることなく私なりの手法でVTuber活動を続けていくつもりです。応援していただけると嬉しいです。

山田 もちろんです！

■メジャーとインディーズの異なる魅力

河崎 「山田玲司のヤングサンデー」に出演させていただいた際に質問できなかったことをお聞きしたいのですが、山田さんは普段、YouTubeでどんな映像をご覧になっていますか。

山田 基本的には、対談系の配信をよく見ています。なかでも、すでに逝去されている方々の対談やインタビューは歴史的価値もありますし、大好きです。

河崎 具体的には？

山田 著作権がクリアになっているのかわかりませんが、1976年に「山下達郎のオールナイトニッポン」で、シンガーソングライターの山本コウタローさんや大瀧詠一さんがしゃべっている音声動画は、心にすごく響きます。

河崎 私も、ニコニコ動画からYouTubeに転載された過去のラジオ番組を聞き返すことがあるので、よくわかります。

山田 こういうのはニコニコ動画を発掘するのが一番でしょうね。でも、そのなかでも価値があると思われるものはYouTubeでも見ることができるようになっていることも多く、その点では便利ですね。

河崎 YouTubeのほうが圧倒的に規模が大きく、参加人数も多いですし。積み重ねられるものも巨大になっていくのは道理ですよね。

山田 そうなのですが、ニコニコ動画にはインディーズとしてのよさもあります。尖ったセンスのクリエイターとかが集いやすい場としてとても大事です。一方、YouTubeは学生や社会人などが入りやすい間口の広さが特徴です。

河崎 そのため、YouTubeは特定のワードで検索をかけたときに候補が無数にあがってきてしまう。どちらも一長一短がありますよね。

山田 2020年以降、新型コロナが流行したことがきっかけとなって、地上波などのTV番組で活動していた芸人さんやクリエイターがYouTubeに参入してきました。その際に、TVの視聴者も連れてきてくれましたよね。

河崎 参加人数が多ければ多いほど、提供されるコンテンツの平均クオリティは上がっていくと思うので、提供する側も視聴者側も増えるのはよいことだと考えています。

山田 それに対して、ニコニコ動画は残っている人が古参ばかりという……（苦笑）。

河崎　ニコニコ動画で活動されている方々のインディーズ感覚というか尖ったセンスは、ＹｏｕＴｕｂｅに移行した際には強力な武器になりそうです。また、ニコニコ動画の配信者と視聴者は、激論を戦わせる印象もあります。そういう厳しい環境を乗り越えて来たニコニコ動画出身のＶＴｕｂｅｒは面構えがいいですよ。

山田　僕のアシスタントにもニコニコ動画の配信経験者がいるんですが、河崎さんのおっしゃったとおりいい面構えをしています。

河崎　山田さんの本業である漫画でも、同様の傾向があったりしますか？

山田　漫画も、間口の広いメジャーなものとインディーズ的なものがあります。たとえば「週刊少年ジャンプ」は間口が広く、そこで掲載されている作品は多くの人が知ることになります。でも漫画を掲載できる媒体は「週刊少年ジャンプ」をはじめとする少年誌だけではありませんから、知名度は低いけれども知っている人から圧倒的な人気を誇る作品も少なくない。そこはＹｏｕＴｕｂｅとニコニコ動画の関係に近いと言えるかもしれません。

■知名度を獲得するには「運」がいる

河崎　ＶＴｕｂｅｒは今、推定で3万人くらいいるのですが、そのうちの半分くらいは活動停止。企業所属のＶＴｕｂｅｒは注目を集めやすい一方、「個人勢」のＶＴｕｂｅｒは目に留まりにくいんですよね。

山田　そういった個人ＶＴｕｂｅｒが本業として食べていけるかどうかも重要で、たとえばミュージシャンだと、1990年代初期くらいまでは知名度が低くても食べていくことができました。ところが90年代の後半に入ると、エイベックスをはじめとする企業が音楽市場のかなりの部分を占めるようになり、市場規模が拡大していくんです。一般人が音楽に興味を持つための導線を太くわかりやすくした功績がある一方で、知名度が低いミュージシャンは知られる機会をさらに失い、アルバイトをしなければ暮らしていくことができなくなったという負の面もあります。

河崎 市場拡大はいいとして、企業寡占によってインディーズが隅っこに追いやられるのは寂しいですね。クリエイターはどんな対策を取るべきだと思いますか？

山田 漫画の場合は、大前提として読者が読んで面白いと感じられるレベルにならなければいけない。でも、面白ければ売れるわけでもないんです。その漫画が時代に即しているか、そして読者に見つけてもらえるだけの「運」を漫画家が持っているかが大事。だから、なにか本業を持って日々の糧を得ながら漫画を描いていく、くらいの感覚でいかないと厳しいものがあります。

河崎 ＶＴｕｂｅｒを含めた配信業で成功しているレジェンドたちも、「なぜ成功しているか？」の問いには、「運」と答えている人がとても多いです。

山田 とは言え、まずは打席に立つ必要がある。漫画家なら十分に魅力的な作品を描き上げて、出版社などに持ち込むこと。配信者なら視聴者を獲得できるだけのトーク力や企画力を発揮して配信してみること。これは、「運」ではなく努力することで達成できます。

問題はその後ですね。

河崎　継続できなければ「運」は巡ってこない、と。

山田　活動を継続させるには、逆境でも打席に立てる気持ちも必要です。投げ出さないこと。あとは同調圧力に負けないこと。「時代の空気を読め」という圧力に屈せず、「俺はこれがいい！」という想いを貫ける人。そういった人が成功している印象があります。そういう人が新たな時代の潮流を生み出し、大きなムーブメントを巻き起こすのではないでしょうか。

河崎　ペースについてはどのようにお考えでしょうか。私はＹｏｕＴｕｂｅの動画は5〜6割の完成度でもいいから早くたくさん出したほうがいいと考えるタイプなのですが、漫画の場合はいかがですか。

山田　スピードと完成度のどちらを優先するかは、作家の価値観によりますね。中途半端なものを出したくないと考える人もいますし、その気持ちもわかります。ただ、漫画に限らず満点主義はよくないと思いますね。作者から見て１００点をつけられる作品以外は絶対に公開しちゃダメというのは、やっぱり苦しい。適当なところで妥協することも大事なのではないでしょうか。

河崎　クリエイターとして食べていくためのポイントは、ほかにはどんなものが考えられますか。

山田　同調圧力に負けないことも大事なのですが、読者や視聴者といった受け手と目線を合わせられることも大事です。そのときに、しっかり目線を合わせる相手の年齢や属性を具体化しないといけません。小学生の目線と大学生の目線はまったく違いますからね。

河崎 目線を合わせすぎると、自分の伝えたいものがぼやけてしまったりしませんか？

山田 そこがキモで、目線を合わせた上で自分のこだわりを表現できれば、「エッジが効いている」と評価されるようになります。面白い漫画、面白い配信ができる人はこれが上手い。ただし、エッジを効かせすぎると読者や視聴者が咀嚼しにくいものになってしまうので、どこまでエッジを効かせつつ食べやすいものに仕上げるかというバランス感覚が必要です。

河崎 その塩梅を見つけるためにも、作品を出し続けることが大切ですね。

山田 漫画の場合、読者に目線を合わせたものばかりを描き続けると執筆が〝作業化〟して退屈になっていくんです。でも自分のこだわりを詰め込んだ作品を制作するとクリエイターとしての満足感を得られるし、〝作業化〟していかないんです。モチベーションの維持のためにも、自分にとっての最適なバランスをつかむためにも、想定読者やファンに目線を合わせた「食べやすさ」と自分のこだわりを強く打ち出した「エッジ」の配分を、作品ごとに変えて試していくことが一番いいのではないでしょうか。

■大事なのは共感の獲得

河崎 VTuberも漫画家もクリエイターとして成功するためにはファンとの関係性も

大事だと思っています。視聴者に「このチャンネルを一緒に作っている仲間だ」と感じてもらい、コミュニティを形成していくという。この点についてはいかがでしょうか？

山田　僕も自分のチャンネルで、そのように感じてもらうためのアプローチをしています。たとえば、課金が発生するメンバーシップ登録をしてくれたファンのことを「ファミリー」と呼んで、無料部分の配信前半が終了し、有料部分に切り替わったときに「俺たちファミリーだよね」と伝えるようにしているんです。あと、ファンネームなどで視聴者にコミュニティ意識を持ってもらうのも、一つの方法ですよね。

河崎　そうですね。うちではファンネームを「翠組」としています。

山田　配信の冒頭で「翠組のみんな！」と呼びかけると、所属意識が生まれますよね。あと、配信者と視聴者の間に共感を生み出す話題作りも重要なポイントです。たとえば、人気シンガーソングライターの中島みゆきさんは、ラジオなどで「カップラーメンが好き」と公言したことで、「俺たちと同じものを食ってるんだ」という共感を作り出しました。彼女のライブでは、舞台にカップ麺が飛んでくるんです。昔からあのカップ麺を投げるのはすごいなと思っていて。こういった関係性を構築できるようになると、登録者数が100万人を突破したときや周年イベントなどのときに、ファンが家族のように喜んでくれるんですよね。

河崎　まさにファミリー戦略ですね。

山田　僕はオフ会を毎月やっていて、ファミリーならいつでも参加OKなんです。毎回30

人くらい来てくれて、一緒に散歩したりして関係性を深めています。さらに、オフ会の話題を配信のなかで取り上げると、ファミリー未加入の視聴者も「楽しそうなことやってんな」と興味を持ってくれるようになるんです。

河崎　オフ会でリアルに交流することで、ファンの一人ひとりが「山田さんと同じ目線にいるんだ」と感じられるんですね。

山田　もう一つお話しすると、漫画家の高橋留美子さんが絶大な支持を得た経緯も目線がポイントでした。『うる星やつら』で浮気性な男と一途に愛する美人ヒロインを描き、当時の男子高校生や男子大学生に「俺たちの気持ちをわかっている」と感じさせたのです。しかもそれが、若い女性の漫画家だった。これはすごく読者に突き刺さりました。

河崎　今で言うところの「オタクに優しいギャル」を、いち早く具現化していたような感じでしょうか。ＶＴｕｂｅｒのプロモーションにも活用できそうなエピソードです。

山田　「なぜ共感を得られたか」「なぜウケたか」の分析は、後から可能になることがほとんどなので、オタクに優しいギャルのＶＴｕｂｅｒを生み出しても、最初の思惑とは違うところで共感を得ることに繋がったりもするので、そういうところも面白いですよね。

河崎　たしかに狙った通りの反応を得られるかどうかはわからないですよね。ＶＴｕｂｅｒを目指す人のなかには、「歌で成功したい」「ゲームで成功したい」など、方向性を決めている人もいるかと思いますが、そういうこだわりは持たないほうがいいのでしょうか。

山田　「歌で成功したい」などの執着も必要だと思います。そして、それが上手くいかなかったときに七転八倒するのが人生というものですし、そういう苦しみも楽しんでほしい。その結果、「歌じゃなくて、私はトークが上手いかも」と、こだわるべきポイントが変わる可能性もあるし、「それでも歌でいきたい」とこだわりを貫く一助になる可能性もあります。

今後のVTuberとYouTubeの展望

山田 ちなみに、河崎さんはYouTubeの登録者数100万人達成という夢を叶えましたが、今後の目標は？

河崎 次の目標はYouTube生配信の同接1000人達成と、VTuber活動10周年です。そして、それらを翠組のみんなに祝ってもらうことですね。「カップラーメン美味しいね」とか言いながら楽しく配信を続けていけたらいいかな。

山田 「個人勢」のVTuberが登録者数100万人突破ということで、Yahoo!ニュースなどでも取り上げられましたが、悪影響はありませんでしたか？

河崎 歌やショート動画でバズって100万人を達成したのではないので、ネガティブな言葉を投げかけられたり、配信を荒らすような人が視聴しに来たことはありました。でも、特に気にせず腹を立てないようにしています。

山田 僕はそういうときは、ちょっと凹みつつも「うるせーよバーカ！」って言い返してます（笑）。だから、ネガティブなコメントは配信中には見ないようにしています。でも、ヘイトを投げてくる人って、それだけ僕のことが気になっているということでもあるんですよね。だから「相手の存在を尊重しつつヘイトな言動はスルーして、いつか味方につけてやる」って思ってます。それくらいの心構えが大切な気がします。

河崎 VTuberを10年続けると決めた以上、その「いつか味方につける」という方針は私も持ちたいと思っているんですが、なかなか難しいんですよね。それにこのあと5年後、10年後もYouTubeやVTuberが今と同じように存在しているのかも気になっています。

山田 YouTubeが動画や配信の主流プラットフォームでなくなることは、可能性としてはあり得ますが、それで配信やVTuberというカルチャーが廃れることはないように思います。TVの歌番組は減ったけど、YouTubeで歌は楽しめるわけだし。VTuberカルチャーも、その本質が変わることはないのではないでしょうか。それに、今活躍しているVTuberを見て、VTuberを目指す新しい子がどんどん入ってくるわけですし。

河崎 言われてみれば、私の配信を見てVTuberになったという子もいました。そういう人たちがつながって今後の新しいVTuberカルチャーを形成していくんでしょうね。私にとっても支えになります。

山田 現在の漫画文化の基盤を作った戦前から戦中世代、その後の漫画ブームを築き上げた第一次ベビーブーム世代の先人は、激動の歴史をくぐり抜けてきたからこそ、パワフルで面白い作品を生み出してきた面もあります。ＶＴｕｂｅｒも本格的なムーブメントのきっかけが新型コロナの世界的流行ですし、激動の時代に生まれた新たなカルチャーとして、次の世代に受け継がれていくのではないでしょうか。

河崎　ＶＴｕｂｅｒカルチャーの継承に、この本や山田さんとの対談が少しでも役に立てると嬉しいです。

山田玲司（やまだれいじ）
1966年東京都生まれ。漫画家。多摩美術大学在学中の20歳のときに商業誌デビュー。代表作に『Bバージン』、『ゼブラーマン』（原作：宮藤官九郎）など。恋愛コミックエッセイ『モテない女は罪である』など一般書籍の著書も多数。2014年にニコニコチャンネルにて『山田玲司のヤングサンデー』の配信を開始。現在はYouTubeにて配信中

対談❷ ×VTuber 河崎翆

YouTube戦略のヒント

■Tシャツのおひげの謎

河崎　はじめましてサトマイさん！　本物にお会いできて、嬉しいです!!　登録者数が1万人くらいの頃から動画を拝見している古参ファンです。サトマイさんのYouTubeチャンネルを友人のVTuberにも「参考になる面白いチャンネルだから絶対に見て！」と紹介しています。本日はよろしくお願いします!!

サトマイ　それはありがとうございます。とても嬉しいです。

河崎　私はこれまで会社勤めをしつつVTuber活動をしていたのですが、サトマイさんの著書「あっという間に人は死ぬから『時間を食べつくすモンスター』の正体と倒し方」を読ませていただき、会社を辞めてVTuberに本腰を入れることを決断しました。

サトマイ　あの本では、決断を先延ばしにすることのリスクと、その対策を解説しましたが、河崎さんの人生の一助になれたのであれば、書いた甲斐があります。

河崎　本当に役に立ちました。最初の質問は、ちょっと本題からズレるのですが、サトマイさんがよく動画のなかで着ている「おじさんのおヒゲが描かれたTシャツ」、あれの意味が気になって仕方ないんです。

サトマイ　これは予想外の質問が来ましたね（笑）。YouTubeを始めた当初、私は方向性に迷ってマンガを描いたりもしていたんです。その際に生み出されたのが統計を解説する小さいおヒゲのおじさんなんです。これが今でも私のYouTubeチャンネルの

「統計のお姉さん」サトマイ

アイコンとして生き残っているんです。

河崎　統計の先生だったんですね。長年の疑問が氷解しました。ちなみに、サトマイさんはＶＴｕｂｅｒについてはどれくらいご存じですか？

サトマイ　普段、ＹｏｕＴｕｂｅでは猫などの動物動画くらいしか見ていないので、今回の対談のお話をいただくまでＶＴｕｂｅｒという存在を意識したことがなかったです。

■認知の歪みを統計学であぶり出せ！

河崎　ＹｏｕＴｕｂｅチャンネルを開設したそもそもの目的は？

サトマイ　チャンネルを開設したのは２０２０年５月です。その翌年に「はじめての統計学レジの行列が早く進むのは、どっち!?」を出版することが決まっていて、そのプロモーションとして使えないかなと思って始めました。

河崎　そのあとの運用目的はどのように変化していったのでしょうか。

サトマイ　今はうちの会社（合同会社デルタクリエイト）の集客や教育を目的に運用しています。少し具体的なお話をすると、多くの人が人生を無駄に消費してしまう「認知の歪み」に陥っているので、統計学の手法でそれを浮き彫りにして取り除こう、と。視聴者には動画でその問題の一端に触れていただき、「有益だな」「面白いな」と感じて、私の会社に気づいていただくためＹｏｕＴｕｂｅを使っています。実際、企業からの講演や本の執筆の依頼が増えているので、今のところ上手く運用はできていると思います。

対談❷

「統計のお姉さん」サトマイ×VTuber 河崎翆

河崎　ＹｏｕＴｕｂｅでチャンネル運用をするうえで、サトマイさんが求めているＫＰＩは何ですか？

サトマイ　再生回数ですね。チャンネル開設当初は再生回数が1動画あたり20〜30回くらいだったので、まずは再生回数の向上を最重要課題にしました。どのような動画が視聴者の耳目を集めるのか研究していったんです。手描きマンガなど、いろいろ自分にできるアプローチを試していきました。そのうちに再生回数が徐々に増えてきて、継続して視聴数を得られる動画の傾向もわかってきました。

河崎　具体的には、どんな動画の再生回数が継続して伸びたのでしょうか。

サトマイ　「『統計学クラッシャー』伝説の叡智な校長で学ぶ平均値／中央値」（２０２２年1月31日配信）などが好例です。それまでは数千〜数万くらいの再生回数でしたが、この動画は28万回も再生されました。やっぱり、インパクトのある題材を分析する動画は伸びやすいなと体感できました。

河崎　再生回数が伸びるようになって、次に目指したことは？

サトマイ　再生回数やチャンネル登録者の指標というのは、どれだけの人が私を認知してくれているかの目安であって、私がより重要だと思うのは、人を行動させることです。ＹｏｕＴｕｂｅの概要欄に張ってある本のＡｍａｚｏｎリンクや、公式ＬＩＮＥの登録数などから、この動画がどれだけ人を行動させることができたかを測っています。それが現在の最重要指標です。

■「自分だから」提供できること

河崎　最初にYouTubeに取り組むときに、撤退条件については考えましたか。

サトマイ　具体的な撤退条件は考えませんでした。ただ、2021年冬頃にYouTube動画に本気で取り組み始めて、2ヶ月くらいはまったく手応えがなくて、「もうやめようか」と本気で思いました。そんな時、「令和の虎CHANNEL」の出演者による賭けポーカー事件が起こったんです。それを取り上げた動画を3本アップしたところ大きな反響があって、動画の方向性に一定の指標を見つけることができました。

河崎　再生数や視聴数を伸ばすには、やっぱりきちんと分析することが大切ですね。一方で、YouTube配信者はVTuberも含めてロジカルシンキングが苦手な人が多い印象があります。

サトマイ　それはメタ認知（自分の思考や行動を客観的に捉える能力）の問題でもあるように思います。「自分はロジカルシンキングができている」と思い込んでいるだけで、実際にはできていない人が多いんです。たとえば、エンターテイナーとして努力を積み重ねてきたわけではない普通の大学生やフリーターがYouTube配信で、「モーニング・ルーティーン」「ナイト・ルーティーン」「メイク術」などの動画をアップしたとします。当人は「有名人もやってるから」と、時流をつかんで視聴者が望むコンテンツを提供しているつもりなのですが、それは流行を真似しているだけで、「あなたにしかできないこと」

ではない。文句なしの美男美女などでない限り、まったく無名の人の「モーニング・ルーティーン」動画を見る人はいない。つまり、自分を客観視できていないんです。

河崎　誰にでもできることを見せても、YouTubeのコンテンツになりえない。これに気づかない人が多いですね。

サトマイ　動画で前面に押し出すべきは、自分だけの持ち味、強みです。まずはそれを把握するのが重要です。次にそれをどう売り込むか。私の場合は、どういう題材を使えば統計学の面白さや利点を表現できるかがつかめたことで、再生数や登録者数が伸びはじめました。

河崎　成功者のインタビュー動画を見て、アレンジせずにそのまま真似する人が多いのも問題でしょうね。生存者バイアスのようなものがかかってしまう点を考慮しないといけないし、成功したいなら、むしろ失敗例に目を向けるべきだと私は考えています。

■世界を細分化するための国語力

サトマイ　VTuberで失敗する人には、ほかにどのような特徴がありますか。

河崎　PDCAサイクルを実行できない人が多いです。なかでも「CHECK」の段階で自身の弱みを分析できていない。また、「PLAN」の段階で、自分が市場から「求められていること」を見出せない人もいます。

サトマイ　私が最初の本を出版した時も、自分の専門性や、世間が自分のどこに価値を見出しているかを、すごく意識しました。極端な話をすると本を出版する場合、じつは内容はあまり重要ではないとさえ思っています。購入者の多くは、書いた人の肩書、つまり専門性の部分を見て、内容を受け入れるかどうか判断します。つまり「ＰＬＡＮ」の段階で、たとえば「私は統計の専門家」で、「これからこういうことを語りますよ」という部分がとても大事だと考えています。

河崎　サトマイさんの場合、統計というややアカデミックな内容を若い女性が語る。そういうところにも新しさと珍しさがあって、注目される要因になったように思います。

サトマイ　そうですね。私がＹｏｕＴｕｂｅを始めた4年前は、統計の話をしているのは大学で教鞭をとるおじさんばかりでした。そこに淡々と統計について語る女性が登場した。これは一つのブランドになったと思います。動画や配信の企画には3割の新しさと7割の親しみやすさが重要だと思っていて、現在は、キャッチーな時事ネタ、スキャンダルを統計学的に分析する動画を多く上げてます。統計のネタとして取り扱われにくい時事問題を取り上げることが新しさ、統計で語ることが親しみやすさにあたります。

河崎　これからＹｏｕＴｕｂｅチャンネルの開設をする人がサトマイさんに相談してきたら、どんなアドバイスをしますか？

サトマイ　中長期的には国語のドリルをおすすめします。ものごとを正確に理解したり、発信するために国語力と数学力が欠かせません。言葉というのは、ものごとを細分化したり、理解の解像度を上げるにあたってとても大事な役割を果たしています。たとえば「ネットに不調が起きた」という現象を考えると、パソコンのLANボードや無線通信ユニット、ルーターやゲートウェイ、IPアドレスなどの言葉を知っていれば、「ここを調べて問題なかったから、次はここが障害発生原因の可能性があるな」と問題点を分割して考えることができます。でも知らない人は、「ネットが繋がらない」という大きな問題から一歩も進めないいんです。

河崎　たしかにそうですね。何を分析するにしても、言語化しないといけませんからね。

サトマイ　塾の先生も成績がアップしない生徒の特徴として国語力不足を挙げている人が多いです。私が小学校低学年向けの国語ドリルを紹介した動画は33万回以上再生されていて、そこにリンクを貼った「国語読解力『奇跡のドリル』小学校1・2年」と「2分で読解力ドリル」は、これからVTuberとして活躍しようとしている人にもおすすめです。

■注力点と脱力点を数学であぶり出せる

河崎　数学力はどんなことに必要なのでしょうか。

サトマイ　YouTubeで言うと、力の配分が判断できるようになります。自分が提供しているコンテンツを言葉で細分化し、各要素ごとに「それがどれだけ自分のコンテンツに影響を与えているか」を統計分析します。すると、「この要素に力を入れれば再生回数が向上する」「この要素はコンテンツのアクセント的なものだから、力を抜いても全体に影響は出ない」といったことが、数字によって理解できるようになります。

河崎　統計には外れ値（データの全体的な傾向から大きく離れた値）がつきものですよね。私も自分のチャンネルを統計的手法に基づいて分析していますが、分析結果から大きく外れた反響を得ることがあります。これをどう判断したらいいのでしょうか。

サトマイ　そういう質問はよく受けます。統計分析に基づいたエビデンスは優れた判断指標になりますが、それはあくまで仮説にすぎないことを念頭に置くべきでしょうね。指標にしたがってコンテンツを作成しても、実行する人の個性や専門性、時代の流れによって外れることがあります。書籍『スタンフォード大学・オンラインハイスクール校長が教える脳が一生忘れないインプット術』などが出版され人気を博していますが、その勉強法で本当に効果があるかどうかは、読んだ人の適性次第なのです。

■生配信に注力するなら人生相談？

河崎　ＶＴｕｂｅｒは生配信を主戦場とする人が多いです。もしサトマイさんがＶＴｕｂｅｒとして生配信するとしたら、どういった企画をしますか。

サトマイ　人生相談でしょうかね。切り抜きしやすいし、ＹｏｕＴｕｂｅ上の動画資産も増えそうですし。

河崎　チャンネル登録者数が40万人を超える現在のサトマイさんなら、アバターを作って人生相談の生配信をすれば視聴者を集められそうです。

サトマイ　でも、アバターを作るにもコストがかかるので、私は顔出しで配信するほうが楽ですね。他のメディアへ出演することも考えると、顔出しのほうが有利かなと思います。

河崎 現在、サトマイさんがYouTubeで活動を続けるモチベーションは？

サトマイ 「やりたいことで生きていく」というキャッチコピーが流行しましたが、私は、そもそもやりたいことがあまりなくて、無理せずに社会に役に立つことに重点をおいています。自分の興味関心と社会課題をマッチさせていくゲームのような感覚で続けています。

河崎 企業におけるCSR（社会的責任）みたいですね。今後、私にお役に立てることがあったら、ぜひお声がけください。本日はありがとうございました。

■
サトマイ（佐藤 舞）
作家。デルタクリエイト 代表。桜花学園大学客員教授。株式会社 IBJ 社外取締役など、多くの顔を持つ。確率・統計を使って世の中の謎を解く YouTube チャンネル「サトマイ 謎解き統計学」はチャンネル登録者数 40 万人を突破。主な著書に「あっという間に人は死ぬから 『時間を食べつくすモンスター』の正体と倒し方」

おわりに

ＹｏｕＴｕｂｅのチャンネル成長には一定のお作法があり、「ここを意識するべき」というポイントをしっかり理解しておく必要があります。これを知らずに活動していると、無駄な時間をすごしてしまうことになりかねません。これまでいろいろなＶＴｕｂｅｒのチャンネルを見てきた中で、「もったいない」と思うことがたくさんあり、歯がゆい思いをしていました。

本書でそういった情報をまとめたことで、この本さえ読んでおけば、私が説明したいことは網羅的に知っていただけるように構成しました。努力の方向さえ間違えなければ、ＹｏｕＴｕｂｅは、結果が出せるプラットフォームです。ぜひ本書で得た知識を活用して、正しい努力をしてほしいなと思っています。

私は5年前くらいにＶＴｕｂｅｒというカルチャーにハマって以来、ずっとこの業界のことばかりを考えてきました。今、本書を読んでいるあなたも、少なからずＶＴｕｂｅｒ業界に興味があるのだと思います。これまでのＴＶやラジオというマスメディアの時代から、ＹｏｕＴｕｂｅやニコニコ動画、ＳＮＳなどの誕生により、個人でも簡単に情報発信ができる時代になりました。そのなかでも、ＶＴｕｂｅｒという表現様式は、現代のエンタメの最前線だと認識しています。

すでに活動を始めているＶＴｕｂｅｒのみなさんは、その最前線を支える仲間だと思っており、一緒に時代を作っていることに喜びを隠せません。発信活動には苦労があり、決して楽しいことだけではなかったりするのですが、今後も同じＶＴｕｂｅｒ同士支えあいながら、活動を楽しんでいけたらと思います。まだ活動していない方も、ご興味があればこちらにぜひ足を踏み入れてみてください。諸先輩方が作ってきた道を踏まえ、あなたらしい新たなコンテンツを見せてくれることを楽しみにしています。

本書に書いてきたメソッドやノウハウは、私一人で得たものではありません。先人たちがＹｏｕＴｕｂｅに投稿してくださった動画であったり、ｎｏｔｅであったり、また直接お友達からヒアリングした情報だったり。そういった情報を多分に参考にしています。そのおかげでいろんなＶＴｕｂｅｒ、いろんな人のノウハウが集まった、素敵な本になりました。多くの方のご支援があって本書が完成したことを、とても嬉しく思います。

特に普段から私とやりとりをしていただいている方々につきましては、本当にありがとうございます。みなさまと切磋琢磨したり、支えあえているのは、本当に大切な思い出です。私は今〇〇歳（ナイショ）なのですが、人生の中でとくに重要性の高いこの時期をみなさんと一緒にすごせたことは、とてもいい経験になりました。死ぬ前に見る走馬灯にも、確実に出てくることでしょう。願わくば、今後も一緒にこの業界で歩んで行ければと、期待してやみません。

もし本書を読んで理解できなかった部分などがあれば、ぜひ私の雑談配信に遊びに来てください。そこではＶＴｕｂｅｒからのご質問を受け付けておりますので、コメントで質問していただければ、回答させていただきます。また、どうしても個別に相談したいという場合は、私のコンサルサービスなんかもチェックしていただければと思います。あなたのお悩み解消に、少しでもお役に立てたら幸いです。

ここまで読んでいただきありがとうございました。本書を読んだ皆さんの活動に、少しでもいい影響を与えられておりましたら、それに勝る喜びはありません。同じＶＴｕｂｅｒとして、今後どこかでご一緒する機会があることを楽しみにしております。

最後に、本書の制作にご協力いただいたすべてのみなさまに、この場を借りて御礼申し上げます。いつも優しい山田玲司先生、憧れだったサトマイさん、推薦文をいただいた小岩井ことりさん。本当にありがとうございました。みなさまとのご縁を頂けたこと、とても嬉しく思います。

河崎翆

装丁・デザイン・DTP　山川夏実

編集　鈴木隆詩
取材・ライティング　中野克己
校正　佐藤ひかり

編集長　後藤憲司
副編集長　塩見治雄
担当編集　石井大

VTuberの教科書

**ー準備、数字の作り方、マネタイズなど
再現性の高い方法で成功を目指すビジネスハックー**

2025年3月21日　初版第1刷発行

［著者］　河崎翠
［発行人］　諸田泰明
［発行］　株式会社エムディエヌコーポレーション
〒101-0051　東京都千代田区神田神保町一丁目105番地
https://books.MdN.co.jp/
［発売］　株式会社インプレス
〒101-0051　東京都千代田区神田神保町一丁目105番地
［印刷・製本］　中央精版印刷株式会社

Printed in Japan

【カスタマーセンター】
造本には万全を期しておりますが、万一、落丁・乱丁などがございましたら、送料小社負担にてお取り替えいたします。お手数ですが、カスタマーセンターまでご返送ください。
落丁・乱丁本などのご返送先
〒101-0051　東京都千代田区神田神保町一丁目105番地
株式会社エムディエヌコーポレーション カスタマーセンター　TEL：03-4334-2915
書店・販売店のご注文受付
株式会社インプレス　受注センター　TEL：048-449-8040／FAX：048-449-8041

内容に関するお問い合わせ先
**株式会社エムディエヌコーポレーション
カスタマーセンター　メール窓口**
info@MdN.co.jp

本書の内容に関するご質問は、Eメールのみの受付となります。メールの件名は「『VTuberの教科書 ー準備、数字の作り方、マネタイズなど再現性の高い方法で成功を目指すビジネスハックー』質問係」とお書き添えください。電話やFAX、郵便でのご質問にはお答えできません。ご質問の内容によりましては、しばらくお時間をいただく場合がございます。また、本書の範囲を超えるご質問に関しましてはお答えいたしかねますので、あらかじめご了承ください。

ISBN978-4-295-20732-0　C0033